国际时尚设计丛书·服装

时装设计元素：

调研与设计

（第2版）

[英] 西蒙·希弗瑞特（Simon Seivewright） 著
袁燕　肖红　译

中国纺织出版社

内 容 提 要

对于任何设计过程而言，调研都是至关重要的。调研是一个极具创意和实验意味的过程，包含了在设计之前所做的初期资料采集和系列设计的创意。通常，调研会历时几周甚至几个月，通过它可以深入透视设计师的思想、追求、趣味及创造力。

本书将重点放在如何获取调研资料，如何围绕设计过程中的廓型、肌理和面料、色彩、细节、印花和装饰以及市场和消费者等因素进行广泛调研，如何通过平面和立体裁剪的方式开展深入调研和设计拓展。通过引领读者穿越调研的必经阶段，并将这些元素转化为时装设计理念，最终达成自己的设计表达。

书中还有很多拥有自己品牌的国际时装设计师、流行趋势预测机构、时尚插画家，从如何融入时尚业、如何工作以及如何取得成功几个方面提供有价值的透视。本书适合服装、艺术设计等专业的院校师生、相关从业人员以及时尚爱好者学习参考。

原书英文名：Basics Fashion Design: Research and Design 2nd Edition
原书作者名：Simon Seivewright
© AVA Publishing is an imprint of Bloomsbury Publishing PLC. This book is published by arrangement with Bloomsbury Publishing PLC, of 50 Bedford Square, London WC1B 3DP, UK.
本书中文简体版经Bloomsbury Publishing PLC. 授权，由中国纺织出版社独家出版发行。
本书内容未经出版者书面许可，不得以任何方式或任何手段复制。
著作权合同登记号：图字：01-2014-2987

图书在版编目（CIP）数据

时装设计元素：调研与设计 /（英）西蒙·希弗瑞特著；袁燕，肖红译 .--2 版 .-- 北京：中国纺织出版社，2018.3
（国际时尚设计丛书 . 服装）
书名原文：Basics Fashion Design：Research and Design 2nd Edition
ISBN 978-7-5180-4382-8

Ⅰ. ①时… Ⅱ. ①西… ②袁… ③肖… Ⅲ. ①服装设计 Ⅳ. ① TS941.2

中国版本图书馆 CIP 数据核字（2017）第 295471 号

责任编辑：孙成成　　责任校对：寇晨晨　　责任印制：王艳丽

中国纺织出版社出版发行
地址：北京市朝阳区百子湾东里A407号楼　邮政编码：100124
销售电话：010—67004422　传真：010—87155801
http://www.c-textilep.com
E-mail:faxing @c-textilep.com
中国纺织出版社天猫旗舰店
官方微博http://weibo.com/2119887771
北京华联印刷有限公司印刷　各地新华书店经销
2018年3月第1版第1次印刷
开本：710 × 1000　1/16　印张：11
字数：148千字　定价：59.80元

凡购本书，如有缺页、倒页、脱页，由本社图书营销中心调换

维克多和拉尔夫（Viktor and Rolf）春夏系列设计
摘自Catwalking.com

目 录

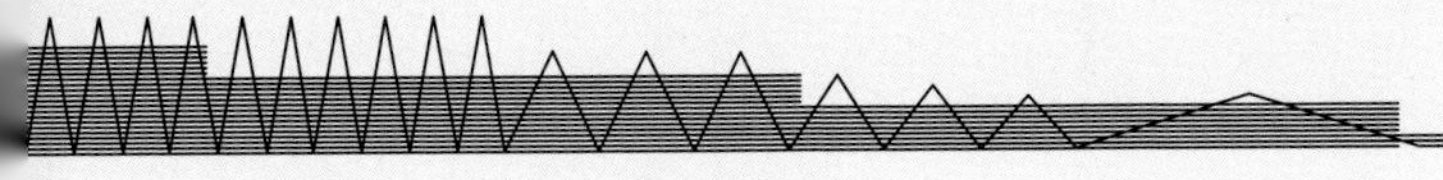

调研对于任何设计过程而言都是至关重要的，因为它将会构建和发展你所预期的创意成果的基础。调研包含了在设计之前需要做的初期资料收集和系列设计的创意。它应该是一个颇具实验意味的过程，是一个使你对某一特殊领域的市场、消费者、创新和工艺进一步了解的过程。

在创作过程中，调研是不可缺少的方法，它会为创意提供灵感、信息和创作方向，以及为系列设计提供故事情节。调研是一个历时几周甚至几个月进行收集和整理的发现之旅，它也是非常个性化的活动，可以深入透析设计师的思想、追求、趣味及创造想象力。

通过深入而广泛的调研，设计师就可以开始演绎系列服装或拓展一个线路。在设计过程中，你所收集的调研资料都会在廓型、肌理、面料、色彩、细节、印花、装饰以及市场和消费者等元素方面有所体现，并会对这些元素给予指导。

本书是《时装设计元素：调研与设计》的新版本，将会引领你穿越调研的必经阶段，并将这些元素转化为时装设计的理念。本书将探讨在调研与设计过程中的设计任务书和限定性等因素。书中还将会讲解在开启创造性的调研之前，明确你的目标市场和消费者、明白不同时尚级别（档次）和风格流派的重要性。随后，本书将讨论调研实现的多种可能的途径，以及为系列设计确立一个主题、概念或一段故事情节的必要性。

“我从梦境中获取创意，你如果足够幸运的话，就可以运用你在梦中看到的事物，这是完全原创的。它并不存在于现实世界中——它就在你的头脑中。我想这是不可思议的。”

——亚历山大·麦昆（Alexander McQueen）英国时装设计师（1969—2011）

接下来，本书还探索了如何将你的调研转化成初期设计理念；通过平面和立体裁剪两种方式，为你带来逾越调研与设计之间沟壑的有用练习。设计和系列拓展被分解成一系列元素，这些元素可以为使你的概念拓展成为一个深思熟虑、紧密联系和相互平衡的系列设计而打下基础。

每一章末尾部分的访谈，以拥有自己品牌的国际时装设计师、流行趋势预测机构、时尚插画家为特色，时装专业的学生不仅会在本书的创意旅行中获取灵感，还会从如何融入时尚业、如何工作以及如何取得成功等方面获得有价值的信息。

《时装设计元素：调研与设计（第2版）》将会为你开启一个深入、创新和具有创造力的设计旅程，并提供必备的基本技巧和知识。综上所述，尽享创意设计过程中的发现吧，祝你好运！

◀亚历山大·麦昆2011年春夏系列以雉鸡为灵感来源的裙装设计。
摘自Catwalking.com

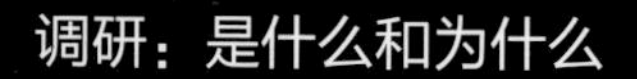

“调研就是当我不知道将要做什么的时候所要做的事情。”

——威伯·凡·博豪恩（Wernher Von Braun）

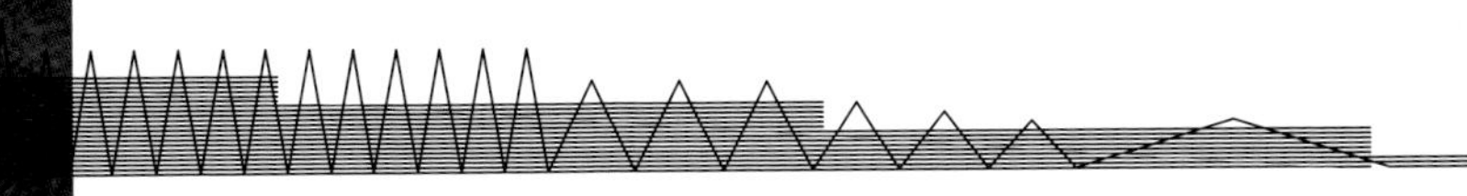

调研是一项具有创造性的工作，它记录信息以备当前或未来之用。但是调研究竟是什么呢？设计师不断地寻求新的设计理念，而就时尚的本性来说总是变幻无常并在不断进行着再创造，这一切又使调研如何开始呢？

在第一章中，我们旨在揭开调研的神秘面纱，并对创造性的调研过程进行探索，同时说明为什么你从一开始就应该进行调研。这一章中还探讨了什么是设计任务书、设计任务书的不同类型以及要求设计师所做的事情。作为一名设计师，在开展项目或系列设计之前都需要考虑哪些因素，这是每一位设计师首先应该问清楚自己的问题。接下来，这一章讲解了调研的目的以及在信息方面应该包含的内容。

总而言之，调研的过程应该是充满乐趣、令人兴奋和增长见识的，同时最重要的是要能对设计起到积极的指导作用。本章将会帮助你发现如何处理诸如此类的事情。

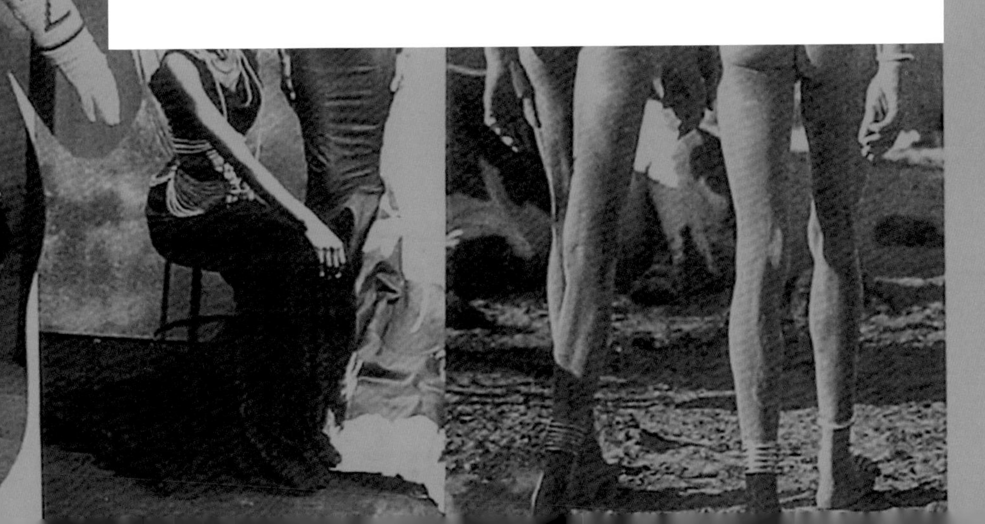

设计任务书通常是一切创造性设计工作的起点，而设计工作通常是一个有时间限制而又持续展开的工作。从本质上看，设计任务书会激发你的灵感并大致勾画出它所要达到的目标。它将列出所有限制因素、有利条件及存在的问题，同时也会为你给出所要完成的最终成品或任务的具体信息。因此，设计任务书的主要目的是对你有所帮助，同时更为重要的是，对整个调研和设计的进程起到引导作用。

设计任务书的类型

设计任务书有以下几种类型。最为常见的一种是在学术讨论中由指导教师指定并且要求你个人独立完成的。其目的在于使你从中学到东西，而目标就是所示范的作品。作为学生，你不仅要达到任务书中有关创造性的要求，而且还要达到任务书明确规定的评价标准。指导教师也会把任务书当作一种重要的工具以帮助他们完成特定技巧的教学，使你的知识和理解力获得发展与提高。

另一种类型的任务书也能够在学术讨论中找到，它通常是为了参与一个公司或校外组织用以推广产品、品牌而举办的设计比赛，这种比赛也会对行业内的设计新人起到鼓励作用。这种与企业结合的做法将会为参与其中的学生提供赞助、职位奖励以及旅游奖金。

商业化的和以客户为基础的任务书是你作为设计师将要面对的另一种类型的任务书。这些任务书有着非常明确的目的和目标，而且会考虑以下因素中的部分或全部：市场、季节性、服装类型、成本及穿着场合。真正衡量你作为一名设计师所具有创造力的标准是：为了获得客户的认可，既紧密贴近设计要求，又遵循任务书的限定，最终达成令人兴奋和有所创新的设计。

还有一种常见的任务书类型是要求你在一个设计团队中开展工作，如在一个大型的低端零售品牌（High-street，高街品牌）的设计团队中工作。在这里你将和其他人共同完成一个项目，而且你将会被指派去完成具体的设计任务，其最终目的是获得一个既连贯又有内在联系的系列设计。

按照商业任务书的要求工作：

以围绕特定商业性的任务书开展工作的设计师来看，朱利恩·麦克唐纳（Julien Macdonald）就是一个很好的例证，他重新设计了英国航空公司员工的制服。这里的任务书非常明确地给出了特定的评价标准以及在设计、面料的选用、成本、功能和性能方面所做的限制。

英国航空公司设计任务书对你进行了怎样的规定?

他们要求我和许多其他设计师一起提交一系列制服的设计草图，这些制服要能够适用于全世界范围内英国航空公司的不同的员工穿用。制服必须要具有功能性的分片设计，可以适用于全世界范围内超过80,000名的机舱内乘务员和地面工作人员穿用。

设计作品以匿名的方式提交给英国航空公司的董事会和设计团队，这样就可以不依靠设计师的名字而对设计创意进行评判。当他们发现那个简洁、干练、有着高雅格调的设计理念是我做的时，都非常惊讶，因为他们总是把我的名字和华丽优雅联系在一起。

你所遇到的限制因素有哪些?

的确有很多复杂的限制，因为公司为此将耗资上百万英镑，而且上一次的换装是在十多年以前，那是由保尔·卡斯特罗（Paul Costelloe）所做的设计。服装必须要满足从6~22号的号型跨度，适合男女穿用，并且没有人种、肤色或宗教信仰的差异或禁忌。无论你是在俄罗斯的冬天或是塞席尔的夏天，服装必须使用相同的面料。

我曾花很多时间与工作人员一起，体验他们的工作生活：从他们离开家去工作开始，经过10个小时的飞行后抵达酒店，并为了第二天早上的返程飞行而将衬衫清洗得焕然一新。在飞行员飞行期间，我们可以审视服装在正常的工作状态下的表现。例如，面料穿起来是否舒适，纽扣是否会掉下来等。接下来，最终确定下来的服装款式就会成功地投入生产，并且在英国航空公司现在的任何一架飞机中都能看到。

阅读对于朱丽安·麦克唐纳德（Julien Macdonald）的完整采访，请见第148~151页。

设计任务包含的内容

穿着场合和季节性

作为一名设计师，很重要的一点就是你对所做设计的时间特性要有很敏锐的感觉，因为它会对很多设计因素产生影响，如面料和色彩。

缪斯女神或消费者

有时，一份任务书会要求你为某个年龄段、某种体型和性别等特定的客户群体进行设计。它可能会要求你建立起客户的基本资料，并且考虑其背景、工作、生活方式以及收入等因素。

目标市场

一份任务书通常会要求你关注服装行业内特定的市场空间，如高街品牌或中档价格带。这会再次要求你对市场分析和顾客资料予以考虑。

材料和面料

有时，在学术领域内，你需要解决任务书中的问题，你的创造力会聚焦于特殊类型或某些功能性面料的运用，如平纹针织物。

成本核算

大多数的项目任务书，无论它们是学术性的还是由企业设定的，都会要求你考虑由于某些事物的开销所带来的价格因素。

成果形式

简单地说，这就是指你的预期所产出的东西。作为最终的成果，任务书也许给出一种特定类别的服装，如一条连衣裙、一件夹克或者一件针织衫。

时尚，从它的定义来看，是指当前流行的风尚或样式；时装设计师在他们的作品中表达出时代精神，即时尚。时尚不断地在发生变化，而且在每一季中人们都会寄希望于设计师能对时尚轮回进行重新改造。由于这种追求新奇感的持续压力，设计师们不得不对新的灵感及其在系列设计中的诠释方式进行深层次的挖掘和探寻。因此，时装设计师就像是喜鹊——执着的采集者，总是涉猎各种新鲜的和令人兴奋的事物以激发他们的灵感。创作过程需要采集和寻找素材，这对于想象力的滋养来说也是必不可少的。

三种类型的调研

调研指的是调查研究，即从过去的事物中学到新的东西。它常常被看作是探索之旅的起点。它与阅读、参观还有观察有关，但是首要的是，它是指信息的记录。

调研有三种类型。第一种类型是指收集系列设计所需的形象化的灵感素材，这对于主题、情绪基调或概念的确定将会有所帮助，而这些因素对于在创作中自我个性的发展来说是必不可少的；第二种类型是指采集你的系列设计所需的真实有形的和可实践操作的素材，如面料、边饰、纽扣等；第三种也许是最重要的方面，它与你所为之设计的消费者和市场息息相关。作为设计师，探索和明确你的设计对象并明白他们的生活方式及趣味是必不可少的，同时也包括调研更广泛的市场和竞争对手。

试图进行这三个方面的调研将会为你构建自己的设计概念打下坚实的基础，你的调研应该总是宽泛而深入的，使你获得创新，而不是简单地模仿那些你获取灵感的系列设计。

可以把调研材料比作为日记或日志，它记录着你是谁、你对什么感兴趣以及在特定时期内世界上所发生的一切。流行趋势、社会和政治事件都会被记载下来，而且所有这些因素都会对你的创造性设计进程产生影响。这些在你的调研日记中编辑的信息都可能成为对当前和未来有用的素材。

> “调研是求知欲的外在表现形式，它不厌其烦地探寻着最终目的。”
>
> ——佐拉·尼尔·休斯顿（Zora Neale Hurston），美国民俗学者和作家（1891—1960）

调研的目的是什么

我们知道了什么是调研，可是我们为什么需要它呢？作为一名设计师，它对我们有何帮助？

首先，对于具有创造力的设计师个体而言，调研可以激发你的灵感。它对大脑是一种刺激，同时会在设计的过程中开启新的设计方向。在你将想象力引导并集中于一个概念、主题或方向之前，你应该通过收集不同的参考资料并探寻各种使你感兴趣的方法，去探索各种各样的创作可能性。

调研工作也会对你学习一门学科有所帮助。通过调研，你也许会发现一些以前完全一无所知的信息，或者探寻到一些新技巧、新工艺。

调研是一个很好的机会，可以让你了解自己的兴趣点并扩展你对周遭世界的感悟和认识。因此，调研是一种非常私人和个性化的工作，尽管设计团队中的每一个人都可以从事这项工作，但通常只有一个人具有创造性的想象力并占据优势。

调研表明了你如何看待这个世界以及如何对它进行思考。而且，它能够使你区别于这一行业当中的其他任何人，这一点相当重要。你可以把它看作是记录你创造性生命瞬间的私人日记，以及向任何人表明那些可以激发你的灵感、对你的生活产生影响的事物的文件资料。

需要记住的最后一点是，调研的首要条件必须是能够激发创作灵感并同时切实可用。

▲ 举例说明学生的调研以及早期的启发灵感创意理念。

如前所述，调研是指调查、研究和信息的记录。这种信息是指那些可以被拆分为一组一组不同类别的事物，它们将有助于你灵感的激发，同时也会为系列设计的方向提供不同的构成元素。

克里诺林

这是一种由水平的鲸鱼骨环与棉质带子相连而成的轻质框架结构。克里诺林穿在裙子的下面，这样可以夸张人体的廓型。这种裙撑的使用在19世纪中后期成为最为流行的造型，并且达到了极致。

造型和结构

从其准确的定义来看，“造型”是指具有明确的外部边线的区域或形状，并且具有可识别的外观和结构。它也指构成或支撑物体的框架结构。造型是调研和设计的最终核心要素，因为它们可以为你提供转换到人体之上和服装之中的潜在创意。没有造型，就没有时装设计中的“廓型”（见第118~120页）。

为了支撑起造型，很重要的一点是要考虑结构问题以及物体的构成原理。充分理解框架或部件支撑起造型的原理是至关重要的，而且这种结构要素又会转化成为时装设计。可以想一想，大教堂或现代玻璃大厦的穹顶造型与19世纪女装中的克里诺林结构，是否有着某种相似之处呢。

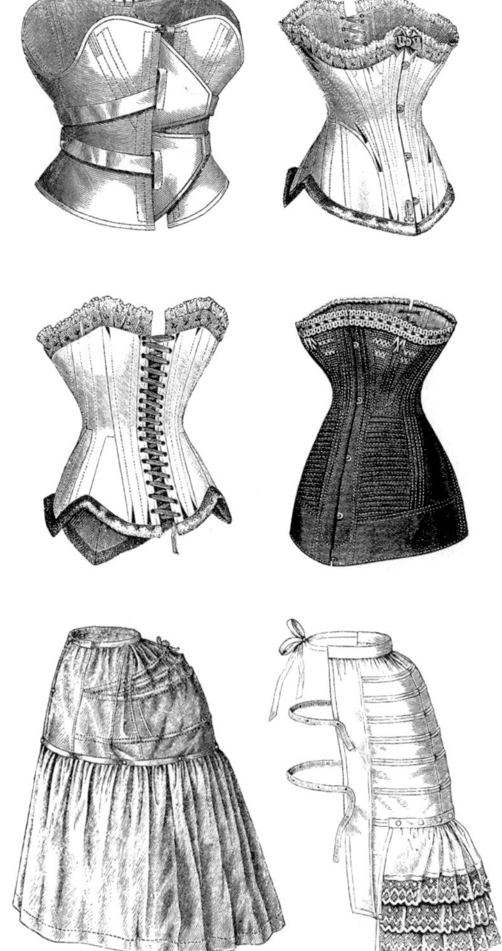

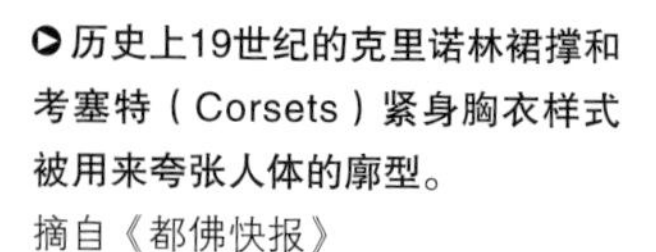

历史上19世纪的克里诺林裙撑和考塞特（Corsets）紧身胸衣样式被用来夸张人体的廓型。
摘自《都佛快报》

▲学生手稿图册中的图例清晰地表明了建筑对服装设计的影响。

▼帝国大厦(Reichstag　Building)，德国。由尼格·杨（Nigel Young）摄影。图中所示的室内结构与19世纪的克里诺林（Crinoline）裙撑样式的结构有着密切的关联。

细节

作为一名设计师，在你的调查、研究中不仅要考虑造型的灵感来源，而且也要考虑像细节这样更为实用的要素的灵感来源，这一点很重要。一件服装的细节可以指服装上的所有东西，如在何处使用明缉线、口袋的类型、紧固材料以及袖克夫和领子的造型等。一件服装的细节和廓型是同等重要的，因为当买手近距离审视服装时，这些细节通常就成为别具特色的卖点。因此，为了创作出成功的和经得起反复推敲的设计，整合这些细节元素就显得十分必要。

设计过程中细节元素的调研、采集可以来源于很多不同的地方。它可以来源于你对军服外套的袖克夫和口袋样式的探索，或者从历史服装中获取元素。它也可以来自于更为抽象的素材，如可以从更鲜活的事物中获取口袋造型灵感。单品服装或整个系列设计的细节灵感选择应该从你调研的所有不同种类的素材中筛选而来。细节元素也许不会立刻浮现出来，但是你要明白，它是设计过程中的重要部分，你最终必须对它予以考虑。

▲▲爱尔兰士兵的军服外套。

▲帝斯奎尔德(DSquared)飞行员夹克男装的羊皮领子细节。

△灵感来源于风衣、带有金属饰衬的短外套，博柏利2011年春夏发布会。
摘自Catwalking.com

明缉线

明缉线是指服装正面可以看到的所有线迹。它可以是纯装饰性的，但是它的主要功能是加固缝份。它显见于斜纹布类的服装中，如牛仔服装。

BLUE
BLUE/GREEN

yellow
RED/YELLOW
YELLOW/ORANGE

WHITE

RED
RED/PINK

▶▲ 以色彩为主题的灵感板。

色彩

对色彩的考虑在调研与设计的过程中是不可或缺的。它通常是一件设计作品引起人们关注的首要因素，并且左右着服装或系列设计被感知的程度。从远古时期起，色彩对我们来说就具有神奇的力量。不仅如此，在我们的穿着中，色彩可以反映出我们的个性、性格和品位，同时也能够传递出对不同文化背景和社会地位等的重要信息。

对于设计师而言，色彩通常是系列设计的起点，并且能够控制你所做设计的基调和季节性。针对色彩所采集的调研资料应该既包括一手资料也包括二手资料，而且你可以将它们混合在一起并获得各种各样的组合。

灵感的来源是无穷无尽的，因为我们就生活在被色彩包围的世界里。例如，自然界为你带来各种各样的色相、明暗和色调的组合，它们都可以转化为设计进程中的色素。然而，你的灵感也可能会来自于一位艺术家，或一幅特别的油画，或历史上的某一个时期。

调色板

调色板是指画家在绘画之前混合颜料所使用的一块板子。对于一名设计师而言，它则意味着混合在一起的一组色彩。它们彼此协调，拥有相近的色相和明度，或者并列后可以产生对比。

在第四章中，我们将探讨色彩理论以及系列设计中的调色板的运用。

肌理

肌理指的是物体表面能唤起我们触觉感受的质地。不同肌理的明暗图纹可以使观者无须真正触摸物体，也无须对所呈现的物体表面进行描述，就能体验到视觉刺激。

作为一名时装设计师，对于肌理方面所做的调研最终会表现为你所能找到的面料、多种不同的质地以及后整理的效果。在人体上，审视和感觉事物的方式是设计进程中极为重要的部分，但是这方面的灵感来源可以是许多不同的素材。

针对肌理所做的调研常常可以为面料再造赋予新灵感，一件服装的风格和可能采用的造型将会有助于确定面料的处理方式，建筑材料、风景和有机物形状的图片可能会对针织服装和面料再造技法的灵感启发有所帮助，如打褶的表现手法。

2006年春夏，由索菲娅·可可萨拉奇（Sophia Kokosalaki）设计的连衣裙灵感来自于贝壳般的肌理和纹样。

摘自Catwalking.com

恩斯特·海卡尔（Ernst Haeckel）的贝壳插画探索了其自然的艺术形态。

摘自《都佛快报》

调研板的灵感来源于非洲装饰性的装束。

印花和表面装饰

在调研过程中，你也许会收集具有天然纹理或装饰纹样的信息和参考资料，并试图将它们转化成为印花和肌理的拓展方案。图像或物体也许会具有很强的装饰性、镶满珠饰、重复而对称，或者会给你机会围绕设计概念来绘制装饰纹样。

表面质地也会暗示出肌理表现的变化手法，如刺绣、伸缩线迹、贴绣和珠饰（见第172~173页）。表面后处理可用于一块面料或一件服装，用以改变其外观风貌、感觉，并反映出灵感素材的情绪基调。例如，贫苦的、年老的和褪色的感觉可以从非洲焦灼、干旱的土地转变而来，珠光宝气和装饰特性则可以从印度的纱丽面料中获得灵感。

▶ 表明伸缩衣褶效果的灵感板。

▼ 以非洲人为灵感的珠绣短夹克
琼·古德（Joe Goode）男装2011
年秋冬发布。

文化影响

文化影响可以是所有的一切，从你对本国文学、艺术和音乐的欣赏到对另一个国家的民俗和文明的欣赏。通过审视另一个国家的文化来寻找创意会为你带来丰富的灵感，而这些灵感本身就可以转化为色彩、面料以及印花和服装的造型。像约翰·加里亚诺和让·保罗·戈蒂埃（Jean Paul Gaultier）这样的设计师，就将多种不同文化视作其系列设计的出发点，并以这种方式闻名于世 。

作为一名设计师，你也许会从文学中获取灵感，并借用它来作为你系列设计的故事情节。时下的艺术展也可能对你所收集的调研资料和创作的作品带来影响。

1998年春夏和2005年秋冬，让·保罗·戈蒂埃分别以弗里达·卡罗和墨西哥人为灵感所做的系列设计。
摘自Catwalking.com

◆ 克里斯汀·迪奥2007年春夏的高级女装，由约翰·加里亚诺设计，灵感来自于日本传统服装。
摘自Catwalking.com

◆ 由大师歌川国贞（Kunisada）创作的日本景象，约为1845年。

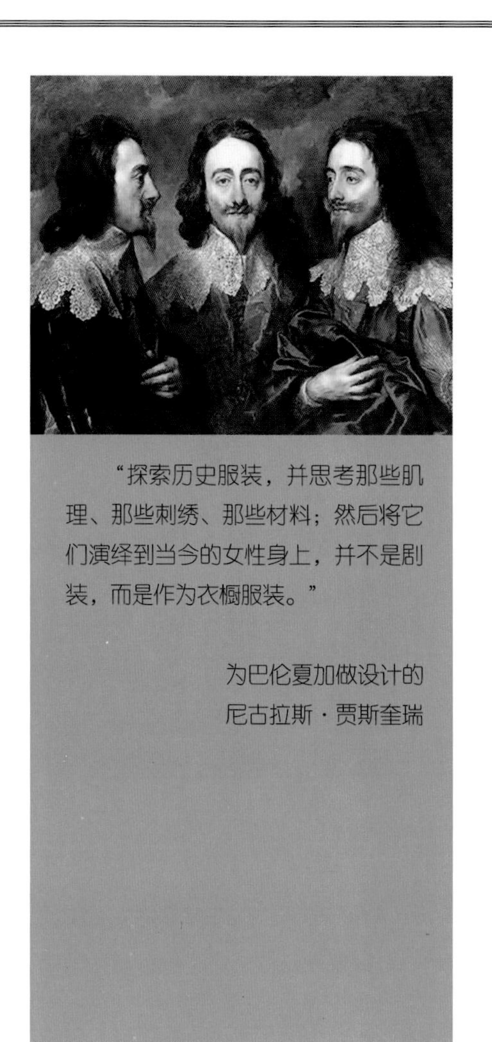

“探索历史服装，并思考那些肌理、那些刺绣、那些材料；然后将它们演绎到当今的女性身上，并不是剧装，而是作为衣橱服装。”

为巴伦夏加做设计的
尼古拉斯·贾斯奎瑞

历史影响

像任何一个具有创造性的领域一样，作为时装设计师，你必须了解以前曾经发生过的事情，这样才能够将设计理念和技术向前推进。历史的影响显见于任何一种文化的设计学科中。它们就如同你所看到的古代瓦片一样各不相同，如寺庙建筑、日本武士铠甲等。

有关历史资料调研的关键元素，必须是服装史上或古代服装上出现过的元素。要想成为时装设计师，学习服装史是非常必要的，对于很多设计师来说，服装史从很多方面为他们提供了宝贵的信息和丰富的灵感来源，如从造型和缝制工艺到面料和装饰手法的选择。

维维安·韦斯特伍德把在服装史上寻找灵感的过程形容为“变旧为新”。毫无疑问，她正是通过探索许多不同世纪的服装来使她的系列设计鲜活起来的。时尚，从它的定义来看，与当下的流行有关，所以，审视古代服装将使你对那个时期的流行趋势产生深刻的认识。

由安东尼·梵·戴克［Anthony Van Dyck（1599—1641）］绘制的查理一世的三个角度肖像画，展示了巴洛克时期与众不同的苗丝领。

纪梵希1988年的高级订制。由亚力山大·麦昆设计，灵感来源于安东尼·梵·戴克。
摘自Catwalking.com

当代流行趋势

对社会环境和文化潮流的敏锐把握是你作为一名设计师必须逐步发展的能力。观察全球的变化、社会趋势和政治生活对于为特定目标群体进行服装设计来说是必不可少的。跟随潮流并不见得是完全有意识的行为，而不过是一种与时代精神相协调的能力。它也指对那些发端于“街头”的品位和趣味的微妙变化具有敏锐洞察的能力。

“自上而下传播效应”描述的是人们的行为、特殊趣味和亚文化族群如何对主流文化带来影响，通常是依靠音乐和电视上的曝光方式，这种效应也被看作是一种时尚与传媒的新方向。

时尚预测机构（见第146~147页）和流行趋势杂志（见第54页）正是你可以轻松获取此类信息的途径。

有形素材的调研

与对视觉化灵感素材的考虑方式是完全一样的，收集一个系列所需的、更为真切有形的理念也是必不可少的。

作为一名时装设计师，你应该思考以何种方式覆盖、缠裹、保护、装饰人体，因此，这个过程中运用材料并了解材料是至关重要的部分。初期阶段中真切有形的调研可能主要以发现对象和物品为主，如新材料与旧材料，或者古董纽扣和装饰物，如蕾丝。一件古旧的服装可能会成为面料再造、质感或表面装饰的灵感。就文化方面的探访而言，你也要收集那些在后期可以启发新变化和新诠释的人造物。

这些真切有形的实物常常可以帮助你理解在一件服装设计中这些素材的使用和功能，同时也会在后续的进程中发展出创意。

◀ 调研素材的选取，从壁纸设计到纽扣、装饰物和手稿画册参考资料。

尽早考虑你的目标市场（调研的第三个方面），因为它常常会暗示并定义出你将从何处着手。正如在“设计任务书的类型”（见第10页）讨论的那样，目标市场应该是一个由客户、公司或你的导师提供的，基于外部因素设定的设计任务书，大致勾勒出你在调研与设计阶段应该考虑的所有限制或市场级别。在项目开始之初，对你所面对的消费者和竞争对手有充分的了解，就意味着你最终将能设计出更引人注目的、准确定位的系列作品。

2008年路易·威登品牌宣传大片中的麦当娜。
盖帝图片社（©Getty Images）提供

确定你的目标市场

初期的市场调研可以简单地包含查阅某一个设计、品牌或公司在广告和品牌识别、网上业务、店铺陈列和营销推广方面的范例，而它们与你所将要为之设计的消费者要保持一致性。品牌常常拥有明确的形象定位，可以定义出理想的消费群，也许还会创造出其消费群所向往的类型，以信息传递的方式进行推广，“如果你穿上我们的服装，你看上去就会像你理想的形象。”

初期的市场调研可以凭借着收集素材的方式进行，如产品型录、在线图片、杂志广告、T台（走秀）图片、门店照片、橱窗展示、包装及标识、关键单品的手稿设计、记录信息、公司使命和目标消费者的主张。

围绕特定的市场级别中的一系列品牌进行素材的采集，可以让你明白如何将自己与竞争对手区分开来，并基于他们的品牌和设计建立起标签化的设计语言。

这种类型的调研活动常常被描述为店铺或品牌报告。

明确产品的形象定位

在初期阶段明确产品的形象定位，这样会有助于你关注那些愿意穿着你的服装的人们。如果在头脑中拥有一个代表形象或特定的消费者，那么当你设计一个系列时，你将会以此为参考。他们愿意穿这件服装吗？他们会怎样穿着它、将在何时穿着它？这件服装能否与他们的风格或身份相得益彰呢？

“正是她的美丽与个性，使她的全部生命都奉献给了时尚……那不可思议的面容及略显强势的小肩膀。”

——休伯特·德·纪梵希（Hubert de Givenchy）对奥黛丽·赫本（Audrey Hepburn）的赠言

设计师通常会将一位特定的模特、演员或歌手看作是品牌的缩影，至少在一季中他们会这样做！休伯特·德·纪梵希以与女演员奥黛丽·赫本之间多年的合作而闻名，同时对于她偶像风格的建立也有所帮助。以麦当娜为例，多年来，她一直与诸如让·保罗·高缇耶（Jean Paul Gaultier）、多尔切和嘉班纳（Dolce & Gabbana）、范思哲（Versace），近来更与路易·威登（Louis Vuitton）等设计师品牌保持联系。因此，她强大的个人身份和名望，与特定的设计师及消费者期望从品牌中购买的东西紧密联系在一起。

稍后，我们将会对时装界中不同市场级别和类型给予近距离关注，以使你更好地理解行业的广度以及作为设计师将可能会面对的市场（见第138~141页）。

头脑风暴法

在本章中，你已经了解了调研的重要性以及调研所包含的一些核心范畴。

该练习这样设计，其目的在于使你从文字和广泛意义的角度对主要调研的范畴进行思考，为视觉化的、真切有形的、市场方面的调研寻找更多可能性的途径。

在这一过程中，需要运用字典、同义词词典和网络作为辅助手段。另外，也可以为那些写下来的文字配上图片，这样它们就可以为你的系列设计带来一个潜力无限的开端以及关于主题或概念方面的想法。

打开思维并让你的想象力游走于很多相关或不相关的领域；让词语与主题并置，它通常可以为设计带来新的概念和“嫁接组合”。

从以下的视觉化调研范畴中挑选一个开始着手。

——造型和结构

——细节

——色彩

——肌理

——印花和装饰

——历史的影响因素

——当下潮流

接下来，思考一些可能与这些范畴有所联系或相关的事物。例如，红色属于色彩范畴，中国属于文化范畴，几何属于造型和结构范畴，20世纪20年代属于历史范畴。

运用这个第一级主题或题目，开始尽你所能地扩展出尽可能多的创意、词语、含义、描述、地点及对象。还要确信的一点是，你也开始为其他调研范畴添加相关参考内容，这些参考内容与你写出来的第一级题目可能相关或无关。

切记：你可以使用一部字典或词典，帮助你从列出的第一级主题中分离出新的概念。

当你开始拓展一系列词语和方向时，可以添加一些切实可行的理念。例如，可能是有所关联的手工艺品、装饰或材料类型，这些将会在下一阶段中进行采集。你也可能会从与这些理念相关的人物着手；这些人可能是模特、社会名流、演员、音乐人，甚至是来自于历史或文学著作中的人物。

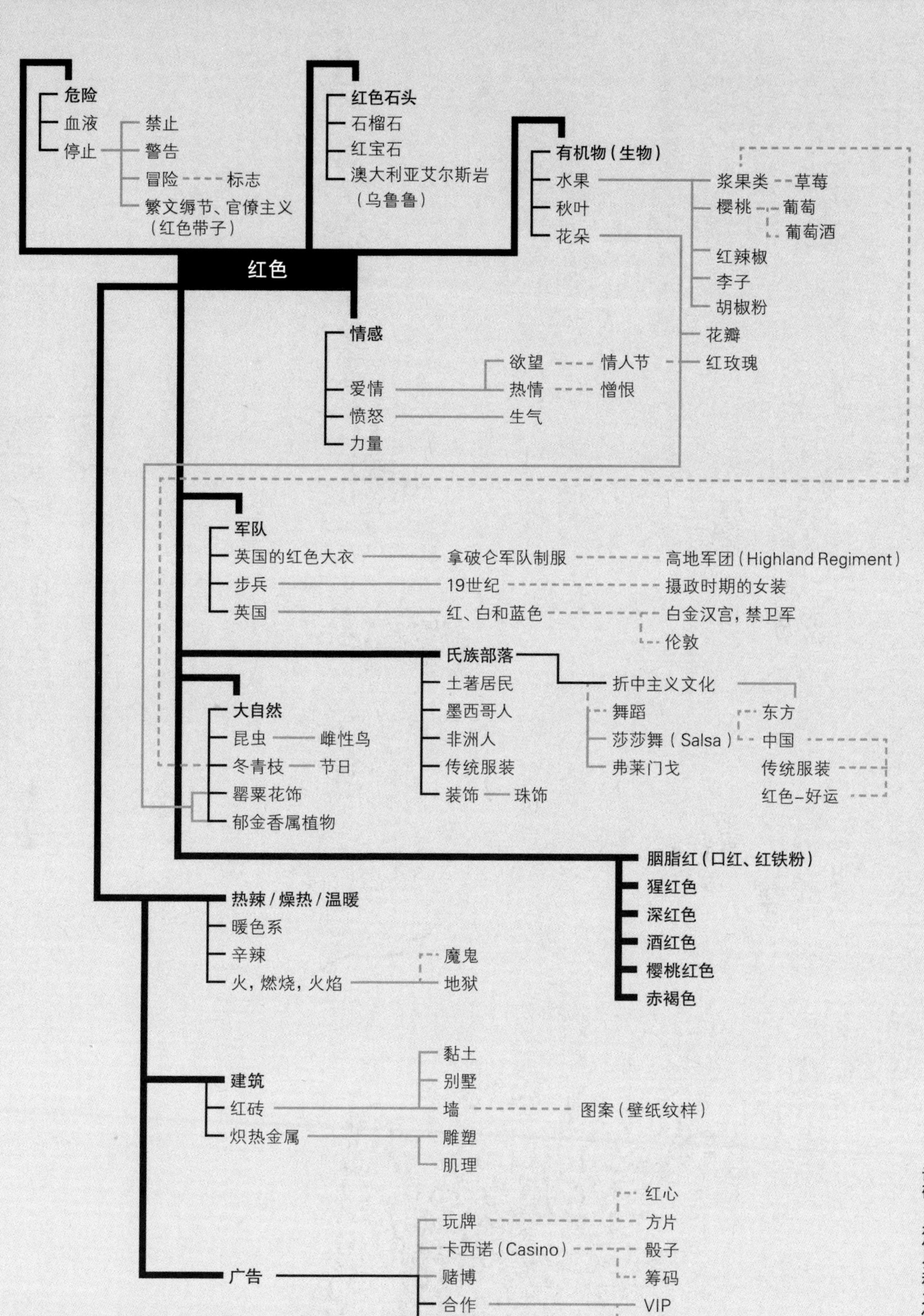
红色
危险
血液
停止
禁止
警告
冒险
标志
繁文缛节、官僚主义（红色带子）
红色石头
石榴石
红宝石
澳大利亚艾尔斯岩（乌鲁鲁）
有机物（生物）
水果
秋叶
花朵
浆果类
草莓
樱桃
葡萄
葡萄酒
红辣椒
李子
胡椒粉
花瓣
红玫瑰
情感
爱情
愤怒
力量
欲望
热情
生气
情人节
憎恨
军队
英国的红色大衣
步兵
英国
拿破仑军队制服
19世纪
红、白和蓝色
高地军团（Highland Regiment）
摄政时期的女装
白金汉宫，禁卫军
伦敦
氏族部落
土著居民
墨西哥人
非洲人
传统服装
装饰
珠饰
折中主义文化
舞蹈
莎莎舞（Salsa）
弗莱门戈
东方
中国
传统服装
红色–好运
大自然
昆虫
雌性鸟
冬青枝
节日
罂粟花饰
郁金香属植物
胭脂红（口红、红铁粉）
猩红色
深红色
酒红色
樱桃红色
赤褐色
热辣/燥热/温暖
暖色系
辛辣
火，燃烧，火焰
魔鬼
地狱
建筑
红砖
炽热金属
黏土
别墅
墙
雕塑
肌理
图案（壁纸纹样）
广告
玩牌
卡西诺（Casino）
赌博
合作
标识、口号
红心
方片
骰子
筹码
VIP
红地毯

艾丽斯·帕尔玛（Alice Palmer）

艾丽斯·帕尔玛2000年就读于格拉斯哥艺术学校（Glasgow School of Art），拥有纺织专业背景，并于2001年开展了销售时尚首饰的业务。带着对服装制作的热情，她转而进入伦敦圣马丁艺术学院学习（2005年7月），并于2008年发布她的针织服装品牌。

在伦敦，艾丽斯·帕尔玛继续研发建构针织服装的非常规方法。2008年，她在纽约时装周上获得了“最佳女装设计师”奖项，并在苏格兰风格大奖（Scottish Style Awards）中被提名为年度设计师。

你如何开始调研过程?

我不断从周围的所有事物中获取灵感，不管它是艺术建筑、自然、科学、人物、电影或戏剧——几乎是可以触发色彩、造型与款式理念的所有事物。

你的设计任务/限制性/方向/市场定位是什么?

在开始一个系列设计时，我会在头脑中想象出一个我喜欢的女性形象，这将对最终服装的形象化大有帮助，同时在整体风貌的决定方面也能起到一定的积极作用。我总是将创新针织工艺作为主要切入点，这些将会暗示出系列设计的语言。

你设定主题吗？如果是这样的话，从何而来呢?

我偶尔会设定主题，如2010年秋冬系列的“蝙蝠侠”。这是伴随着我研发的一种三维针织工艺技术而获得的，其结果让我联想起了蝙蝠侠的车。随后，蝙蝠侠就成了我的系列设计中款式和造型的基础，也影响到了我所使用的色彩和布满装饰钉的细节。

我相信主题能够为一个系列带来内在的联系，然而，设定主题也有危险的一面，它会限制你，使你最终只能为某种类型的人做设计。

▲艾丽斯·帕尔玛2011年春夏。
摘自Catwalking.com

◀艾丽斯·帕尔玛工作室的调研墙。
摄影：山姆·百利（Sam Bailey）

你的灵感来源是什么？

我主要通过参观艺术画廊来获取灵感，如伦敦哈克尼克·威克（Hackney Wick）的施瓦茨画廊（Schwartz Gallery）。在那里，我可以从装置艺术和雕塑中获取灵感。诸如像伦敦自然历史博物馆和科学博物馆，日本的创新设计、现代建筑、艺术和电影等姐妹艺术也可以为我提供灵感。

目前，我从古斯塔夫·迈斯莫（Gustav Mesmer）的发明中获得了灵感，他是一位发明免动力源飞机的古怪发明家；同时，我也从英国雕塑家阿尼施·卡波尔（Anish Kapoor）的作品中获取灵感。

在你的季节性设计或系列设计中，有没有被重复使用的素材？

我总是不断地将日本建筑引用于我的服装廓型中，给人一种现代感。

调研对于设计过程而言有多重要？

我认为调研是寻找最初方向的根本。甚至当发展出某种理念时，我感觉也有必要接纳新的灵感素材，以使设计理念得以进一步发展。挑战你的目标客户群也是相当重要的，因为这可能会对设计拓展的初期阶段产生影响。对我而言，调研是一个令人兴奋的过程，因为它开启了无尽的可能性。

对于致力于从事时尚业或流行预测行业的人，你有什么建议？

对于你身边发生的事保持敏感，尽可能多地抓住你所遇到的机会，准备好付出大量时间，最重要的是享受你现在正在做的事情。

温迪·道格沃斯(Wendy Dagworthy)

温迪·道格沃斯于1972年建立起自己的公司，并于两年后加入了享有盛誉的伦敦设计师集合（London Designer Collections），随后，在1982—1990年间，她成为总监。

在20世纪70年代和80年代期间，温迪·道格沃斯取得了巨大的成功，她将她的系列设计销往国际市场，并在伦敦、纽约和巴黎参与展出，这证明了她对国际时尚业的重要贡献。1989年，温迪·道格沃斯成为伦敦圣马丁艺术设计学院的课程导师。

温迪·道格沃斯于1998年加入皇家艺术学院，在那里成为一名教授和时尚方面的引领者，并在2000年成为时装及纺织系的领导。在时尚行业中，她所承担的繁冗的工作量可以反映出她对时尚业的贡献与热情，她已经成为许多艺术和设计项目、大奖和比赛的评委，并在世界各地讲学。温迪·道格沃斯成为重要的国际专业委员会的成员，并且是欧洲几所主要院校的校外评审。

温迪·道格沃斯被授予了2011年度新年荣誉提名，并因其对时尚业的巨大贡献而荣获了勋章。

什么是调研?

圣马丁艺术学院时装课程的办学思想在于，将独特的天才培养成为可以创作出创新设计的设计师，他们会对国际时尚带来挑战和影响。

调研、创新、创造力、多才多艺并拥有独特个性是我们办学思想的基础。

个人化调研的原则在于设计过程背后的驱动力，激励着学生以一种大胆的方法对时尚领域进行调查、研究与质疑，以此来追求个性化的理想。

> “个人化调研的原则在于设计过程背后的主动性（内驱力），这种主动性激励着学生以一种大胆的思路对时尚疆域进行调研和质疑，并以此来实现个性化的理想。”

亚历山大·拉莫（Alexander Lamb）

亚历山大·拉莫于2009年从曼彻斯特艺术学校（Manchester School of Art）毕业，并荣获时装工程的一等荣誉学士学位。他现在正在圣马丁艺术学院攻读男装设计的硕士学位。在圣马丁艺术学院，他获得了茵宝（Umbro）设计大奖，在为2012年伦敦奥运会设计颁奖服装的比赛中成为最后的赢家。就在最近，亚历山大·拉莫获得了2011年布里奥尼金剪奖（The Brioni Tailoring）。

从工程背景来看，亚历山大将他的设计风格描述为具有形式感的功能，通过对具有鲜明个性的廓型的运用，使他的服装呈现出一种独特而现代的混合味道。

作为一名设计师，你主要的灵感来源是什么？

作为一名设计师……把隐匿的收藏品、档案资料作为设计出发点令我很感兴趣。我喜欢参考被人遗忘的服装单品与细节，并不只是过去的，还可以是那些常常被人们忽视的、个性化的手工艺品。这就意味着要去调研老式服装和军服，别致的细节与精美的做工都可以带给人启发。

与其复制过去的设计，我更愿意从某些元素着手，赞美那些被人们遗忘的细节和结构构造方法，将它们激活并创作出既可以与过去对话，同时又具有现代感的男装。

你是否具有个性化的风格？

在我的脑海中，会有非常强烈的男性化灵感元素和廓型，但是在我的手绘设计稿中所表现出来的则是既流畅又具有雕塑感的造型。我的目的在于将有趣的廓型引入男装，并将这些诸多元素嫁接在一起，创造出一种现代风貌，同时也是真真切切、可穿的单品。

亚历山大·拉莫（Alexander Lamb）

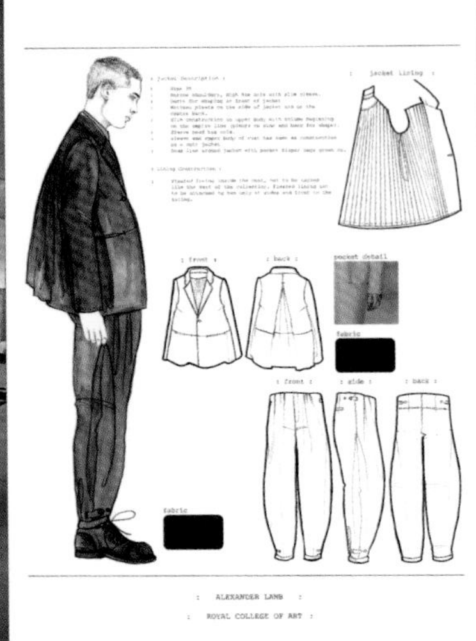

◐ 2011年秋冬的印花派克大衣。

◓ 表明色彩和面料设计拓展的平面结构图和工艺示意。

◑ 坯布造型和廓型拓展。

◐ 亚历山大·拉莫为布里奥尼（Brioni）所做的设计拓展。

◐◐ 亚历山大·拉莫2011年秋冬的效果图。

你如何从调研开始设计进程?

我所拥有的与设计相关的背景都是来自于工艺方面的，因此，结构与功能的设计方向是通往设计过程的关键因素。我喜欢为“形式赋予功能”。

设计过程的另一个主要因素是人们的个性化故事，这常常会对色彩、情绪基调和廓型方面带来重要影响。我喜欢将他们的故事体现在服装中，进而描绘出一种个性或性格。

你设计一个系列时，头脑中是否会呈现出一个人物的形象?

作为一名设计师，我要清楚地了解我所设计的对象，以及我的消费者想从我的作品中获得什么。我想我能够创造性地、批判性地应对变化，因为当下的思潮可能反映出了设计师所需关注的一个时代或时期，这绝不仅仅是一个形象那么简单。

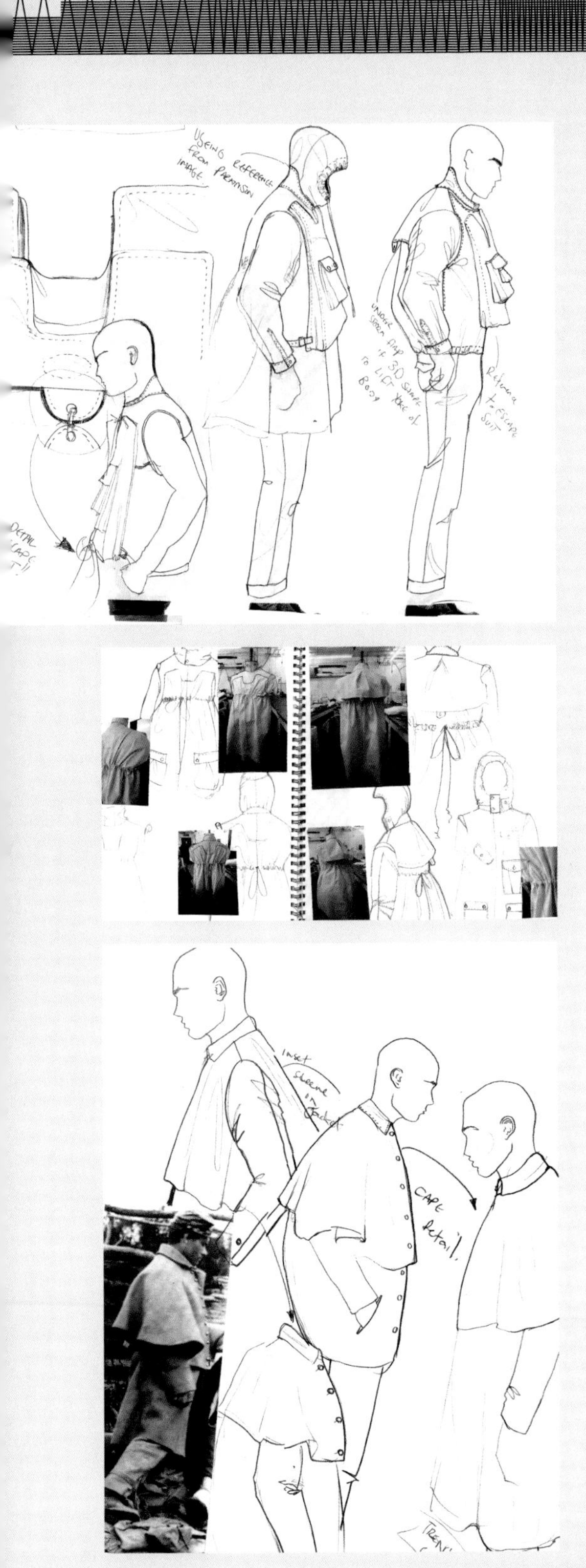
CAPE detail.

丹尼尔·波力特（Daniel Pollitt）

丹尼尔·波力特2009年毕业于英国曼彻斯特城市大学（Manchester Metropolitan University），获得时装设计专业的文学学士学位。

在罗兰特·莫瑞特（Roland Mouret）那里实习了一段时间之后，丹尼尔·波力特就在一家伦敦的户外装设计公司做助理设计师。

2010年，丹尼尔继续到伦敦圣马丁艺术学院攻读女装硕士学位。

丹尼尔表示，他对女性化造型的痴迷成为其设计背后强烈的驱动力。不仅如此，他十分享受建构服装的过程，因为从中可以表达出女性的另一面。

你如何开始调研进程?

我喜欢以一种开放的思维开始调研。我常常从编辑图片开始，并掺入一些能激发兴趣的信息。其他时间，我从画草图开始，这样做可以拓展出最初的设计理念，这完全取决于当时所发生的情况及其自然而然的发展。设计中最令人感到兴奋的部分在于开始，你完全不知道随后将会发生什么。

你的设计任务/限制性/方向/市场定位是什么?

在一个项目设计之初，我发现最好的方式就是在进行提炼之前，采集尽可能多的信息。对于消费者的考虑也会对设计方向带来影响；始终保持清醒的头脑将有助于创造出试图实现的某种风貌。

你设定主题吗？如果设定，如何设定？从哪里开始呢?

当我采集调研素材时，我总会试图选用多种不同的材料和主题，并希望它们可以相互碰撞。即使所参考的一切都没能用上，它也会有助于我进一步明确设计理念。我通常会从选择三四个主题开始，进而探索它们各自的价值。一旦我认为一切就绪，就会将它们整合在一起——这一步骤通常会在进行绘制手稿的阶段进行。

你获取灵感的来源是什么?

我的灵感来源于多种不同的素材和各种各样的地方。有时，它不过是像线条、色调、形状、肌理或色彩一样简单的因素。具体来说，我对建筑、运动装、历史服装和20世纪90年代的摇滚十分感兴趣，这些构成了我设计时的主要灵感来源。

▲ 连衣裙领部的斯拉休（Slash）弹性针织装饰工艺。

◀ 女装连衣裙设计的最终效果图。

"设计中最令人感到兴奋的部分就是，开始时，你对于即将发生的事情一无所知。"

丹尼尔·波力特（Daniel Pollitt）

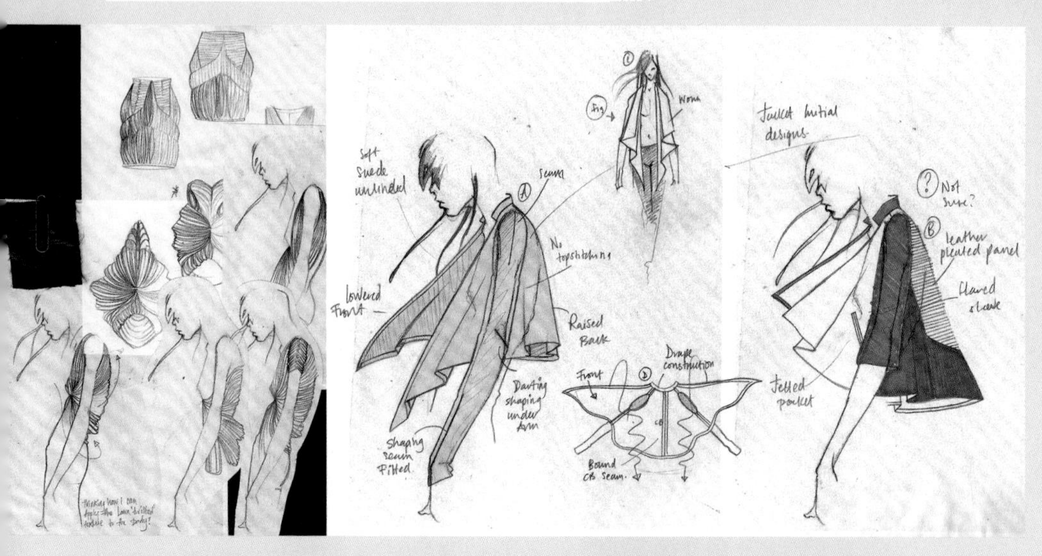

▲ 手稿图册中的初期设计解析。

▶ 以拼贴手法制作的设计效果图。

在你的季节性设计或系列设计中，有没有被重复使用的素材？

可以说，每一个系列和设计任务并不是全新的，我喜欢从先前项目中无法实现的调研和工艺着手。有时，先前废弃的样衣会成为我构建下一个系列的基础。我试着尽可能多地保留我的设计作品，以备未来参考之用。

调研对于设计进程而言有多重要？

调研对于设计进程非常重要。设计中最令人兴奋的部分就是，开始时，你对于即将发生的事情一无所知。没有调研，我的设计作品就不可能实现，因为，没有什么可以支撑我去实现理想中的效果。

对于致力于从事时尚业以及时尚预测行业的人们有什么建议吗？

时尚有时也会有耗尽的时候，因为一切事物都不一定能按计划发展。所以，你必须要有自主性和开放性的思维。勇敢面对，相信自己。

"时尚并不仅仅存在于服装中。时尚存在于天空中、街道上，时尚与理念、我们的生活方式以及周遭所发生的事件密切相关。"

——可可·夏奈尔（Coco Chanel）

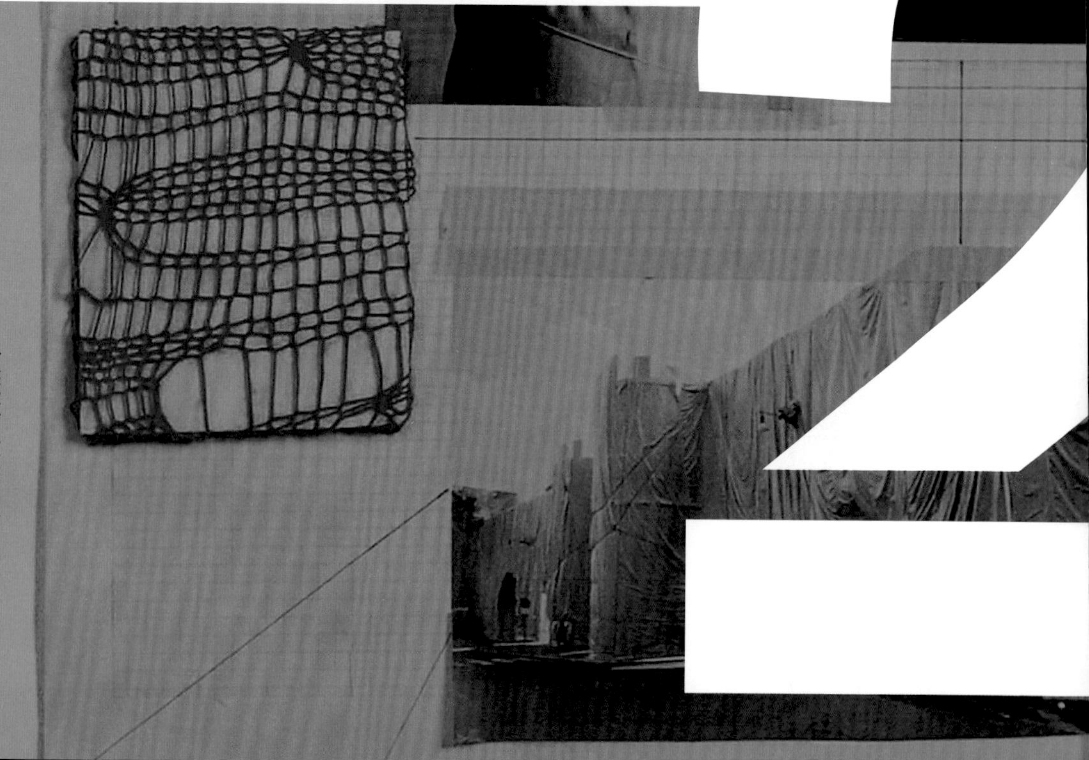

2

到目前为止，你应该已经很好地理解了何为调研以及为了使调研有用和切题所需包含的内容。现在，你就需要知道从哪里可以找到这些信息。

在本章中，我们旨在讲解如何选择一个概念并确立概述性的、抽象化的主题。我们也将讲解一手资料和二手资料的区别，因为两者对于你的调研工作来说都是必不可少的。本章还将对能够获得的、来源于不同素材的灵感进行深入、全面的解释，包括博物馆、艺术画廊、自然界、建筑等。

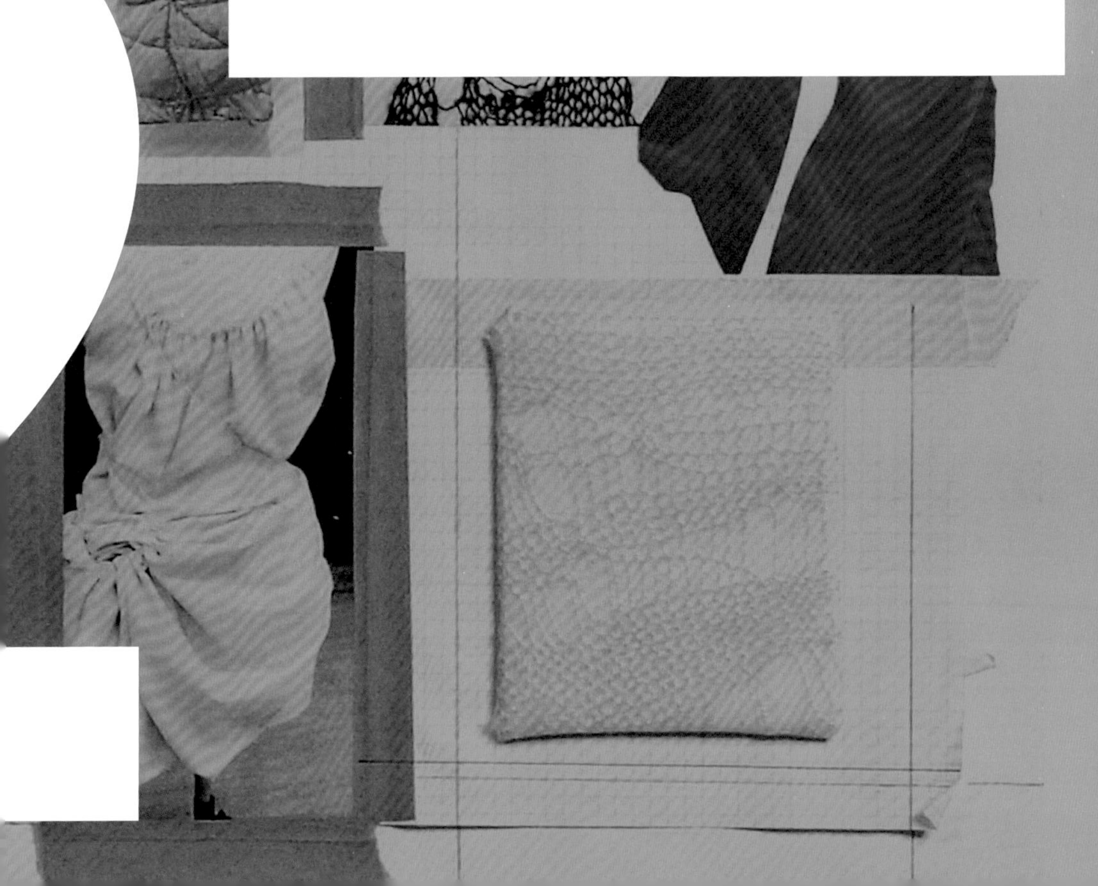

当你准备选择一个主题时，需要考虑的是那些在你看到设计任务书（如果有的话）时首先映入头脑中的、能够激发你的创造力的事物，这些事物也许会有主次之分。在头脑风暴阶段（见第32~33页），你对词语和图片已经进行了充分探索，因此这将有助于将各种理念整合为潜在的主题或概念。

主题或概念是一个好的系列设计的精髓所在，而且它会使你的系列设计独一无二、颇具个性。值得注意的是，一名好的设计师会挖掘自我的个性、兴趣以及对周遭世界的看法等诸多方面，然后将其融于赏心悦目、有所创新且令人信服的系列设计中。

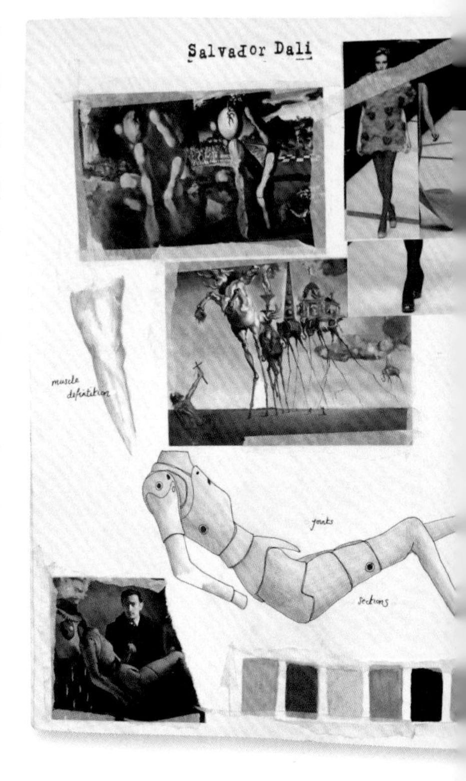

抽象

这是指你也许会从一些不相关的词语或描述开始，如“超现实主义”。

这个词语可以转化成为一系列的理念，或许可以逐步指向你所进行的调研和设计。

你将会把什么样的图片或词语与超现实主义联系在一起呢？究竟一件服装最终将如何诠释这个词语呢？

概念化

此时，正是你对这些各种各样、看似毫无关联的视觉素材进行探索的时候了，从中可以提取出相似或者可并置一起的特质。例如，一张矿石照片和一张贝壳照片，旁边摆放着一块打褶的面料，以及艺术家克里斯多和珍妮·克劳德夫妇的装置作品，如被面料包裹起来的德国柏林文艺复兴时期的建筑物。

信息的组合也会显现出可被探寻的相似特性，它们可以转化成为系列设计的造型、肌理和色彩。

▲从克里斯多和珍妮·克劳德夫妇（Christo & Jeanne-Claude）的作品中获得灵感所做的调研板。

▲▲从超现实主义艺术家萨尔瓦多·达利（Salvador Dali）和汉斯·贝尔默（Hans Bellmer）作品中获取灵感的调研板。

> “在一个系列中讲述故事是十分美妙的事情，但是你永远不要忘记，除了那些奇思妙想之外，它终归是与服装有关的事情。”
>
> ——约翰·加里亚诺，摘自威登菲尔德和尼克尔森出版社（Weidenfeld & Nicolson）出版的由科林·麦克多威尔（Colin McDowell）撰写的《加里亚诺》

描述

从描述的定义来看，意为书写一些文字，也许是一个故事或一个传说。

设计师约翰·加利亚诺是以其在系列设计中创造完美的故事情节和人物，以及创造缪斯女神作为核心焦点而闻名于世的，如20世纪20年代的舞蹈家约瑟芬·贝克尔（Josephine Baker）以及康特斯·德·卡斯蒂里奥纳（Countess de Castiglione）都曾经是他系列设计的灵感来源。每一个人物不仅可以带来衣着样式的灵感，而且能够为设计注入其独特的个性魅力，这些对研究调研资料和设计服装以及最后的系列发布都具有指导意义。

需要注意的是，不管你的创意从何而来，服装才是世界时尚买手和媒体对你作出最终评判的依据。

一手资料是指你第一手收集和记录下来的各种发现。换言之，它们是你直接提取设计元素的事物。例如，来自于自然历史博物馆的有关解剖学的参考资料。

一手资料通常以绘画或拍照的方式被记录下来，并且常常会带来比事物本身更强烈的感官联想。例如，触觉和嗅觉会唤起记忆而且会暗含在最终的设计进程中。

◎ 学生手稿图册中的一些图例，它们在很大程度上是从自然历史中获取的灵感。

二手资料当然是指其他人的发现。这些资料可以来自于书籍、网络、报纸和期刊。它们和调研得来的一手资料同等重要，并常常会促使你去观察和阅读那些不再存在于身边或者很难再获得的资料。

能够很好地理解这两种类型的资料是至关重要的，而且，在好的调研工作中，这两部分内容是可以取得平衡的。一手资料要求你有绘画天分，而二手资料则需要你具备一定的调研技巧。所以，为了能够在设计探索中可以同时兼顾这两种类型的信息资料，你应该做好充分的准备。

▼学生手稿图册中的更多图例，绘制了文化方面和历史方面的灵感素材。

你现在应该理解了何为调研以及为了更好地从调研着手进行设计而应该包含的元素。同时，前文对于为什么需要概念或主题也给出了解释。

那么，为了开启调研资料的采集之旅，你将从哪里获得信息呢？灵感的来源是什么呢？

▼▶学生的手稿图册示例展示了在调研初期阶段中可以进行探索的灵感素材。

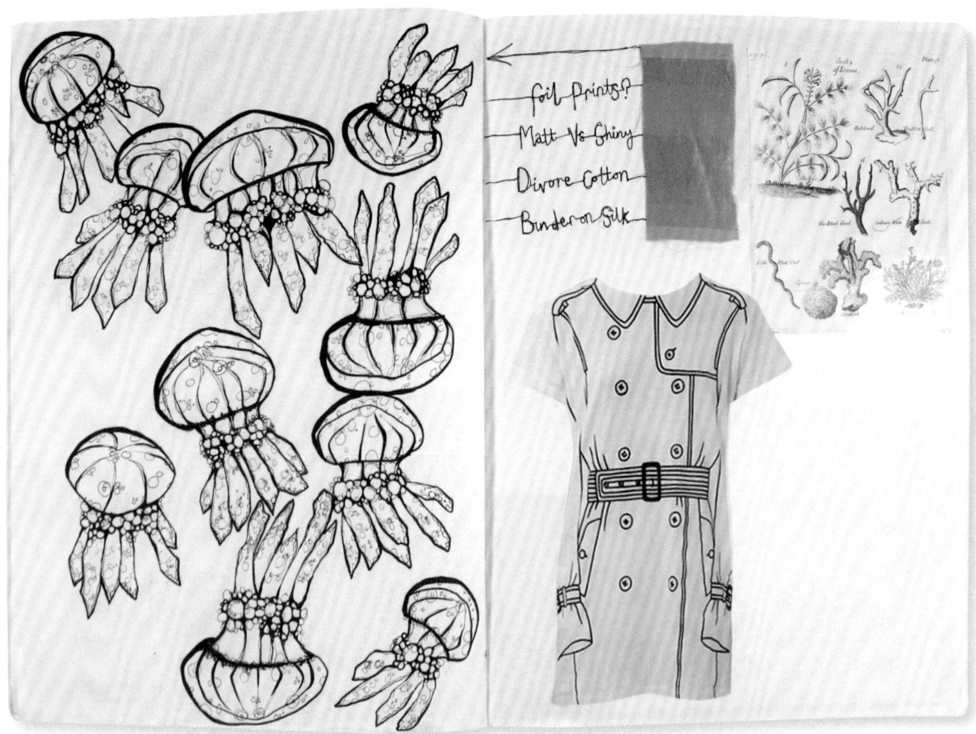

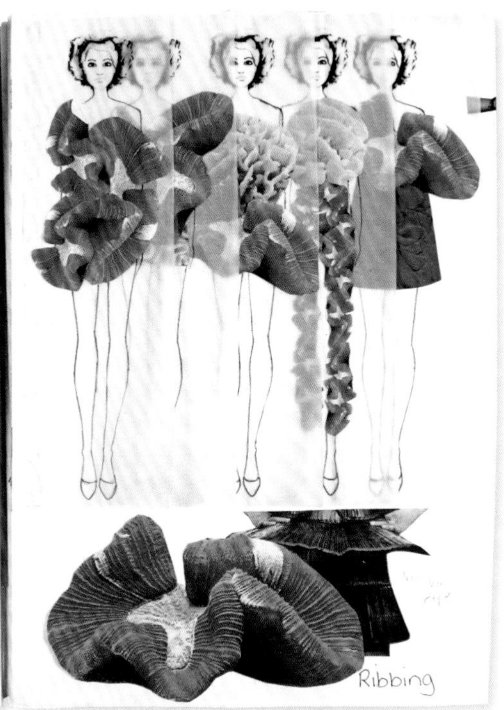
Ribbing

在线时尚资源

这里可能是最容易展开调查、研究的地方，因为它可以在全世界范围内采集信息、图片和文字，所以它又是最方便的调研途径。运用搜索引擎寻找网页是寻找灵感的有效方式，它可以有针对性地指向你已经开始关注的主题。

记住，调查、研究不仅与可视的灵感源有关，而且也与可触摸的、切实可用的事物有关，如面料来源。网络也会使你逐渐接触到一些公司或生产商，他们可以为你提供面料样片、边饰以及在生产或后整理过程中所用到的专业技巧。

你可以浏览与时尚相关的专业在线资源，如服装档案、制造商和面料批发商、特定的流行趋势预测的公司，以及如“第一视觉（Premier Vision）”这样的业内活动，此类活动展示了来自世界各地的最新面料。如果你想在时尚行业中不断寻求发展，具有良好的“时尚感觉”是必不可少的。

时尚博客

在时尚传媒行业中，博客成为发展迅猛的领域。在我们共同生活的全球化社区内，时尚博客可以使人们共同评论、讨论并追随来源于世界各地的时尚风貌和潮流。从调研价值的角度来看，博客提供了轻松采集时尚风貌和潮流信息的机会，并将这些信息应用于把握市场感觉和新产品研发中。

时尚博客可以被划分为诸多不同的领域，如街头风貌、高街时尚、高级女装、鞋、手袋、环保时尚以及名人时尚等。

时尚博客逐渐发展成为主流时尚媒体中的重要部分，而且很容易受到巨大而多元的市场垂青。现在，博客也成为许多大型时装公司公关战略中的重要组成部分，因为博客不仅能为他们推广产品，还可以为之提供与消费者进行互动交流的机会。

博客可以由任何人撰写，但是总体来说，无论它们是由谁撰写的，大致可以划分为比较明确的三类人，局内人、局外人还有有所抱负的局内人。

局内人是指那些从事时尚圈领域内工作的人们，能够提供专业的意见并对时下潮流或产品发表见解。

“如今，你只需将一根手指置于时尚脉搏之上，并将其他手指放在鼠标之上，阅读或撰写最新的博客。”

——卡伦·凯（Karen Kay）
《五月日记》（2007年）

局外人是指那些没能在时尚圈内工作的人们，他们多出于个人的兴趣并以消费者的身份发表对时尚的强烈看法。

最后，有所抱负的局内人是指那些希望在时尚圈内工作的人们，把发表博客看作是一种新的媒体形式，一种获取关注及可能被聘用的形式。许多这种有所抱负的局内人也的确找到了工作，并时常被邀请在主流媒体网站中发挥重要作用，对诸如时装周及独立设计师发布会发表评论。

时尚及流行趋势博客

1. www.coolhunting.com

该网站拥有全球化的编辑和投稿人团队，他们精选出设计、工艺、艺术和文化方面的创新内容，创作出备受赞誉的文章，主要由每日更新的日记和每周的迷你记事构成。

2. www.costumegallery.com

服装廊拥有40，000页的海量信息和85，000张图片，其受众主要是学生、设计师以及在纺织加工生产和研发领域工作的人们。

3. www.fashion.net

该网站带有搜索页面，可以提供美容、设计师和杂志方面的绝佳起点，以及通往其他购物网站的相关链接。

4. www.fashioncapital.co.uk

时尚之都提供了每分每秒都在更新的、时尚行业的新闻和时尚专业人士感兴趣的其他内容。

5. www.papermode.trendland.net

Paper Mode是时尚编辑的梦想之地！它展现了你能想象得到的每一本时尚杂志的最新时尚报道，而且这种令人难以置信的档案类资源还在不断更新、扩充。

6. www.showstudio.com

SHOWstudio.com是一个备受赞誉的网站，由时尚摄影师尼克·奈特（Nick Knight）创建。它与世界级最受欢迎的电影制作人、作家及文化名人合作并创作出梦幻般的在线资讯，通过移动画面、插画、摄影作品和书写的文字，可以探索时尚的方方面面。

7. www.stylebubble.co.uk

苏茜·鲍博（Susie Bubble）的博客和网站在时尚业已成为第一个被主流时尚媒体和设计工作室挑选出来的时尚博客的代名词。她的博客来自于秀场前排，提供有关重大季节秀场的快速而准确的信息，也展示新晋设计师的作品。

8. www.thecoolhunter.co.uk

The Cool Hunter通过一切当代展示活动赞美其创造力。

The Cool Hunter是一个与一切具有创造力的事物相关的具有领先地位的权威组织，是一个值得关注的、极具创新意味和原创事物的全球核心网站。

9. www.thesartorialist.blogspot.com

这是一个裁缝师的博客网站，拥有大量来自纽约和巴黎街头人们的照片。主要焦点在于他们所穿着的服装以及他们长期购买的店铺。街头样式图片都配以尖锐而间断的评论。

10. www.wgsn.com

WGSN是指有价值的全球时尚网站（Worth Global Style Network），该网站提供在线新闻、趋势以及为时装和造型企业订制的信息服务。

杂志

熟知你的专业并具有敏锐的时尚感觉是调研过程中不可或缺的部分，杂志是拓展这方面知识的重要途径之一。

对于设计师来说，杂志是信息资料和潜在灵感的极好来源。首先，它们可以提供给你时尚行业中最新的时尚潮流、样式以及其他设计师设计的服装等信息。其次，杂志还有助于你深入透视作为设计师所应该关注的其他方面，如生活方式和文化趣味将会对你希望为之设计的目标市场带来何种影响。

对于任何设计项目或任务的成功来说，熟知你的专业都是至关重要的。时尚，就其非常确切的意义而言，是与当下样式和趋势相关的，因此，在线杂志更新更快，可以对与当下样式和设计理念相关的新信息和一切变化及时进行补充。

这里给出的仅仅是能够激发灵感的书籍中的一小部分。

在线杂志

在线杂志可以以多媒体方式呈现信息，因此除了要求文字书写的能力，还要求不仅可以通过照片，还可以通过视频和电影短片的方式进行视觉化呈现，如最新的T台秀或设计师访谈。

因为创建在线杂志的成本相对较低，因此就会有名目繁多、针对特定消费者和时尚市场的杂志网页应运而生。例如，其感兴趣的领域将会集中于最新的系列设计和鲜活的时尚新闻、生活方式、流行趋势、零售信息、企业和制造业、全球街头生活以及年轻亚文化流派。

在线杂志中，你可以对最新的信息进行评论与研究，同时还可以接触到来自世界各地的有前途的新锐创新设计、设计师、造型师、摄影师和作家。

对于任何一个见多识广的设计师来说，能够有机会接触到如此丰富的信息和业内洞察都是至关重要的，而且因为在线杂志可以引入对一个新产品或创意理念的调研，所以，在线杂志构成了设计专业学生良好实践的重要组成部分。

在线杂志

1. www.fashion156.com

该网站以栩栩如生、真实可信且易于获得的在线时尚和样式展示更为前卫的设计师、初出茅庐的毕业生的作品以及畅销系列中最值得拥有的单品。

2. www.fashionista.com

该网站主要以构建时尚领域的个人、公司、事件和流行趋势为主。

3. www.style.com

Style.com是一个非常综合的时尚杂志，由康德·奈特（Conde Net）创建的。它主要以绝佳的系列报道著称，可以按季节、设计师和流行趋势进行搜索。

4. www.vogue.co.uk

Vogue Online是一个英国每月更新的*Vogue*网络版，包括每日新闻、访谈和工作机会。

5. www.wwd.com

每日女装新闻是《美国时尚零售日报》的免费在线版。提供头条新闻、分类广告、其他网站的链接以及订阅细节，加之完整在线版的预览。

图书馆、书籍和调研

图书馆是你开始调查、研究的一个绝妙去处，因为它可以以书籍和期刊的形式提供当前阶段的参考图片和文字。图书馆还有很多可以帮助你探寻与主题相关的书籍，这也许是你在头脑风暴阶段未能考虑到的。另外，浏览书籍还可以为你带来特别的感受。当你简单地浏览网页时，浏览书籍所独有的嗅觉、触觉和视觉刺激就会被忘得一干二净。毫无疑问，书籍本身就是精心制作和装帧完好的艺术品。观赏一幅维多利亚时期画作的原稿肯定会比在计算机屏幕上看到它们更能激发你的灵感。

你在任何一个城镇和都市中基本上都能找到图书馆，而且它可以提供综合而广泛的书籍选择。不过，如果你在学院或大学学习，你就应该可以接触到那些与你所教授的课程关系更为密切的特定门类的书籍和期刊。

博物馆和艺术画廊

博物馆是获取一手资料的绝佳来源，因为它们收藏着庞大的、形形色色的物品、艺术品以及历史珍品。除此之外，博物馆也常常会有有关军队、科学、自然历史或者美术方面的素材可供参考，趣味性十足。

正如伦敦维多利亚与艾尔伯特博物馆（V&A）或纽约大都会艺术博物馆，现都已成为全球艺术、设计、历史和文化的宏伟殿堂。它们为设计师的调研进程提供了极好的开端，可以为你提供探寻众多以不同主题、不同国家和不同时期为专项特色的画廊和场馆。在同一个博物馆能够找到多种潜在的可能性，而其挖掘潜力也是无穷无尽的。

艺术画廊也是调研过程中必不可少的部分，因为它们可以为主题素材、色彩、质地、印花和表面装饰提供灵感来源。

艺术家已经直接影响到了许多时装设计师的系列设计。例如，范思哲（Versace）运用20世纪60年代安迪·沃霍尔（Andy Warhol）的玛丽莲·梦露（Marilyn Monroe）波普艺术印刷品作为连衣裙印花图案的灵感来源。20世纪60年代，伊夫·圣·洛朗（Yves Saint Laurent）将蒙德里安（Mondrian）的画作融汇于一件直筒样式的连衣裙中。再如，在20世纪30年代，艾尔萨·夏帕瑞丽（Elsa Schiaparelli）与超现实主义艺术家萨尔瓦多·达利（Salvador Dali）共同创作了多件作品。

▲霍利·费尔顿（Holly Fulton）2010年春夏秀发布，灵感来源于苏格兰艺术家爱德瓦多·保洛奇（Eduardo Paolozzi）1975—1976年间的画作“《Calcium灯光之夜》”。
摘自Catwalking.com

对于摄影无法再现的时期或国家，绘画也可以为你带来当时人们的生活和衣着的画面。例如，罗马文艺复兴时期的美术和雕塑或古埃及时期的经文。大多数城镇和都市都会拥有中心博物馆和美术画廊，去这些地方探寻那些可以为你所用的素材可谓是明智之举，你也许会由此发现值得深入调研的深藏的宝物。

时尚插图展示出20世纪20年代“扁平少女”风貌的特点。
摘自《都佛快报》

服装史

作为一名时装设计师，适当掌握服装发展的历史背景知识是十分必要的。如果你知道过去曾经出现过哪些样式，就可以由此引申开来并将它应用于未来的设计中。从某个时期的裙装提取灵感可以作为你利用旧有样式的造型、结构、合体度、印花和刺绣，并对它们进行全新演绎的基础。面对如此丰富多彩的服装历史，你能够找到许多可以引入到系列设计中的参考资料。

像维维安·韦斯特伍德和约翰·加里亚诺这样的设计师都是以善于将古代服装运用到其系列设计中而著称的。伦敦的维多利亚与艾尔伯特博物馆（V&A）和巴斯（Bath）时装博物馆收藏了各个时期精美的服装珍品，它们都是调查、研究中可以被利用和进一步提炼的素材。

这里还有一些私人的档案资料，例如，伦敦时装学院和纽约时装学院所拥有的档案也都是可以借鉴的素材，而且常常会在画廊中被展出。一些当地博物馆也会收藏少量的服装藏品，通过这些你可以对所在城镇或都市的人们有深入的了解。如果能找对地方，你也可以找到或者买到古代服装（Costume）或复古服装（Vintage）。

具有20世纪20年代风貌的连衣裙的现代演绎。

旅行

作为一名设计师，很重要的一点是要探寻和发现周遭的世界，并且意识到周围的每一件事物都有用来研究的潜力。因此，旅行的能力也理所当然地成为调查、研究过程中的重要组成部分。关注其他国家或文化，并向它们学习，会为你提供大量的、可以转化为现代时装设计元素的信息资料。

大型设计公司为了进行系列设计的调研，常常会把他们的设计团队送到国外去采风，收集任何他们认为可以作为灵感的事物，如旧古董、面料小样、赝品、服装、珠宝和首饰等。摄影和绘画也是记录这些异国旅行体验的重要手段。对于一个责任心极强的设计师来说，能把到国外的度假看作是一个收集调研信息的机会，这一点也很重要。

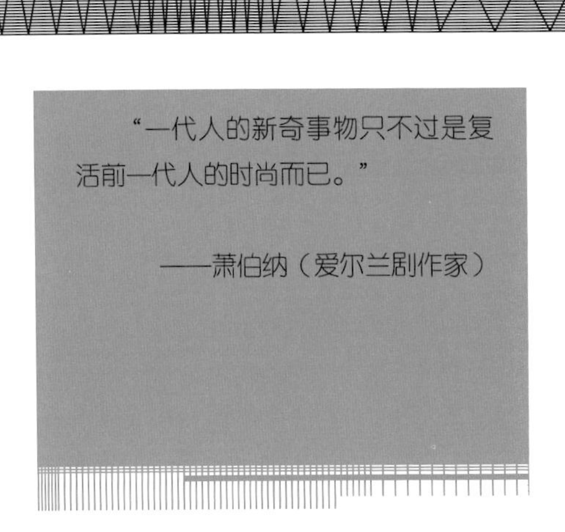

> “一代人的新奇事物只不过是复活前一代人的时尚而已。”
>
> ——萧伯纳（爱尔兰剧作家）

跳蚤市场和二手店

前面已经讨论过，调研就是到处探寻、发掘和查找信息的来源，并且总是不断地留心哪些可用于设计的参考资料。只要你随便在跳蚤市场和二手店来来回回地走上几圈，就可以为你带来发现古董、废弃的赝品以及过时的或某个历史时期服装的绝佳机会。

世界上大多数的大型时装之都都会在很多的区域设立这样的市场和店铺，如伦敦的波多贝罗市集、纽约的格林尼治村（Greenwich Village）、巴黎的蒙玛特高地（Montmartre in Paris）。

一些设计师已经通过在系列设计中使用古着服装或回收旧衣建立起他们独特的设计风格。

◀ 展示世界民俗服饰的灵感板。

▼ 对于古着服装的古董发现来说，伦敦著名的波多贝罗集市（Portobello Market）是一个巨大的宝库。

可回收利用服装的改制

对于设计师而言，跳蚤市场、二手商店和古董店提供了如此丰富的素材和灵感来源，如何挖掘这种切实可用的灵感素材的潜在设计方向成为设计师需要重点考虑的内容之一。设计师不仅可以对找到的事物和服装进行观察、学习，还应该研究它们的结构设计与工艺制作过程，从而发现新的设计方向。回收物的利用不仅可以被看作是研究和拓展设计理念的别出心裁的方法，而且也可以被认为是一种对可持续发展和环保的思考。

对可回收利用服装的改制可以为你带来许多全新的设计理念，是对调研展开解析和诠释的极好思路。通过分解服装，你可以学习到它们的组构方式，甚至可以对基础平面纸样的拓展变化有更多的理解。

解构可回收利用服装是打破传统时尚局限性的绝佳方法。探索比例和体量感、布局与错位、对称与不对称，同时将面料、肌理、印花图案和服装品类并置，将会引发你开始思考并拓展服装的初期理念及设计的潜在可能性。

当把一件传统的男式风衣分解为不同的部件，如领子、袖子、育克和腰带等，并且将它们与女式棉针织连衣裙相结合，或与一件男式衬衫相混搭，将会发生什么呢？这种混合的服装成为一种全新的、令人兴奋的设计，并为你提供了进一步探索和设计的思路。很重要的一点是，记录下你的每一个试验，既可以通过拍照的方式，也可以通过绘画的方式，因为这些三维立体的试验将会为后续的设计进程提供深入的调研与分析。

学生手稿图册中以复古服装（Vintage）为灵感的设计理念。

回收再利用服装的再造

在这个练习中，你将会探索并记录对可回收利用服装进行三维化改制和解构的技术。你可以从慈善商店或跳蚤市场收集一系列的二手服装。如果你能收集到几种不同材质、不同类型的服装就再好不过了，甚至也可以找到一些不是服装的物品来进行立体裁剪，如桌布和毛巾。

你需要一个人台，全比例或1/2比例，还要准备大头针、剪刀、拆线刀、一部相机和绘画工具等。分析并记录构成服装的不同部件，如缝份、分割片、领子、袖克夫和袖子，以及如口袋、腰带、肩章、纽扣、驳领、褶皱和里料等细节。将这些细节在人台上按照常规方式摆放好，绘画并拍照。

既然你已经进行了充分的探索和检验，那么是时候运用服装从不同视角进行造型设计和立体裁剪了。首先可以试着将服装上下颠倒，如果它还有袖子或裤腿，那么当它们以不同的设计目的被连接在一起时又会发生怎样的情形呢？领子是否可以成为下摆处的装饰细节？你能将袖子里外颠倒构成一个口袋吗？将前中心线反置成为后中心线，或者可以让侧缝彻底打开。

以下目录中列出的是一些建议的单品：

——大号的男式棉质衬衫；

——T恤或棉针织单品；

——男式（或女式）套装夹克和裤子；

——风衣；

——女式印花连衣裙；

——牛仔夹克和牛仔裤；

——老式的皮质夹克；

——蕾丝边饰或桌布；

——腰带、大号的或装饰性的包袋、围巾、披肩和皮革等配饰（取决于你的眼光）。

那么，不同品类的单品如何与另一件服装相互作用呢？现在，从你的库存中拿出另一件服装，快速拆开或从缝份处剪开。将这件服装分解为各服装部件，如袖子、领子、袖克夫、腰带、口袋和里子等。然后用大头针把这些部件固定在其他服装上，可以考虑常规和非常规的位置。尝试不同品类服装的组合，如连衣裙和大衣，或一件衬衫和裤子。

当你探索了一系列的组合方式后，请确定你通过使用相机或绘画的方式记录下了每一种变化。从各个角度记录服装，因为在人台上你是以360° 全方位的方式进行细节和廓型的创作的。

建筑

时装与建筑有很多的共同点，这也许听起来有点令人惊讶。实际上，它们始于相同的出发点——人的身体。时装与建筑都能为人的身体提供保护和遮蔽，同时也提供了一种表达相同特性的方式，无论是个人的、政治的、宗教的还是文化的。

时装和建筑也都表达着空间、体积和运动的理念，而且在将材料从两维平面转化到复杂的三维立体结构的利用方式上，两者也具有相似的实践特性。正是由于这种共同点，建筑便成为时装设计师的重要调研素材之一。

像古代服装一样，建筑可以表达出各个时期的流行趋势并且常常与社会趣味以及科技的发展变化密切相关，尤其是新材料和新的生产工艺的应用。

你只需要看看19世纪末和20世纪初高迪的作品以及他对自然界、姐妹艺术和服装潮流的兴趣，就可以看到时装和建筑之间有着多么紧密的联系。

就在最近，山本耀司、川久保龄等日本设计师用他们所创作的服装证明了服装与周围的现代建筑之间所具有的明确相似性。

◀ 纽约布鲁克林大桥的线缆可以体现出线条和结构的特色。

▼▶ 巴尔曼的连衣裙（2009年秋冬）与里昂·赛突拉斯（Lyon-Satolas）机场火车站之间显现出明确的视觉和结构方面的关联，该建筑是1994年由圣提亚戈·卡拉特瓦（Santiago Calatrava）设计的。

“时装就是建筑，它是事关比例的事情。”

——可可·夏奈尔

自然界

自然界为一手资料的采集提供了丰富、多样的灵感。自然界是可视刺激物的来源，可以为调研工作中关键要素的确定带来灵感启发，如造型、结构、色彩、图案和质地（肌理）。

你也许会受到兴趣的引导去关注稀有的天堂鸟或者昆虫等，你也许会通过探寻蛇的图案或者一片热带雨林的树叶来获取灵感。自然界中蕴含了无穷无尽的机会，作为灵感来源，它将成为设计师不变的探寻对象。

▲▶ 从自然界中获取灵感的T台时装，这款灵感来自于鲜花的衬衫和裙子是由艾尔德姆（Erdem）在2011年春夏展示的作品（上图），是迪奥高级女装连衣裙（2011年春夏展示）对美丽色彩和郁金香花瓣（右图）的美好回忆。
摘自Catwalking.com

▶▼ 有关自然界的插画和书籍。
插画由《都佛快报》提供

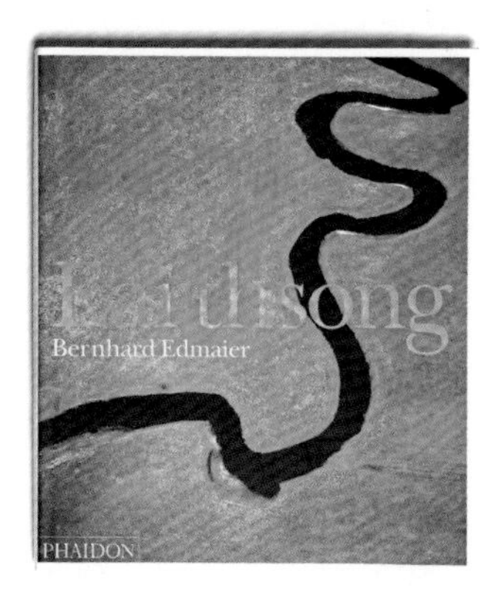

电影、戏剧和音乐

电影、戏剧和音乐一直以来都与时尚和服装有着非常紧密的联系。著名的好莱坞明星总是穿着朗万（Lanvin）、巴伦夏加和迪奥等法国设计师设计的服装去拍照。明星们所显露出来的魅力四射的、常人无法企及的生活大大刺激了人们对他们所穿服装的向往，并且期望设计师创造出更多的曼妙服装。

近些年来，明星们常常引领了人们向往的生活方式。通过与设计师和品牌的联系，他们常常会通过视频、广告、电影和公开发行物推广其系列设计。例如，维维安·韦斯特伍德和马尔科姆·麦克劳伦在20世纪70年代的合作，开启了一个全新的被称为朋克（Punk）的次文化运动。

音乐和时尚的关系如此密切，以至于在我们现在这个年代，美国大牌的嘻哈（Hip-hop）和说唱歌星如肖恩·约翰（Sean John），杰伊（Jay Z）和卡伊·韦斯特（Kanye West），正在建立起他们自己的时尚品牌，并通过音乐推广其品牌产品。

同时，前流行乐明星人物维多利亚·贝克汉姆已经转变身份成为时尚设计师，并在纽约时装周上连续几季展示了其毋庸置疑的设计才能并获得了显著的好评。

正是因为这些密切的联系，音乐和电影毫无疑问会成为采集设计灵感的重要领域。无论从时尚缪斯的角度开始系列设计，还是将电影作为设计主题，都可以成为设计调查、研究的一个方向。

◀ 2011年春夏加利亚诺男装灵感来自于查理·卓别林。

摘自Catwalking.com

◀▶ 学生的手稿图册示例说明作为灵感素材的各类音乐偶像人物的影响力。［吉米·亨德里克斯（Jimi Hendrix）、亚当·安特（Adam Ant）和艾里克·克莱普顿（Eric Clapton）］。

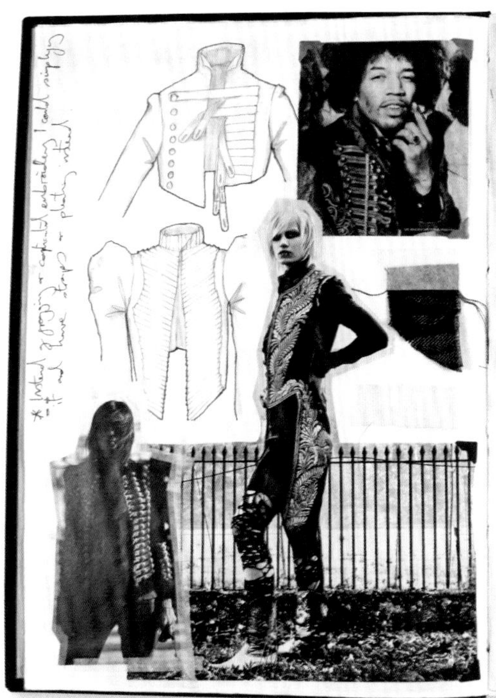

* What other ways could pleats work?
→ Maybe I could try to some a-symmetric cutting and buttoning?
- Experiment.

Eric Clapton
in a Carnaby Street–inspired floral shirt with an Indian printed, handblocked paisley scarf and an Indian brocade, velveteen, gold-braided vest. The shells on the vest are all hand-stitched, and he's also wearing rows of beads. His tapestry guitar strap illustrates how, at this fashion moment, nothing could be purely functional. Even the most utilitarian items provided the opportunity for self-expression.

ViVe
la
Revolution
* It could be interesting to make up the jacket on the right in a slouchy linen without the beading but with the metal studs.

选择调研的内容

街头和年轻人文化

我们已经意识到时下流行潮流的重要性，这些潮流时常会与全球流行趋势的变化有着密切的关联。同时，我们也提到了“升腾效应”以及流行趋势起始于街头文化的原因以及如何对T台设计和最终的主流时尚带来影响。

因此，很重要的一点是，调研过程中应该包含来自于街头以及次文化或特殊趣味群体的、可能存在的灵感来源。这种影响力可能来自于服装样式的潮流，如来自于日本东京的玩偶娃娃风貌、洛杉矶市区的滑雪板风貌以及20世纪90年代开始兴起的纽约俱乐部顽童风貌。

这些次文化年轻群体都拥有他们各自统一的着装风貌和样式，而且，从服装到化妆以及造型方面，都对很多设计师过去发布的系列产生过影响。通过观察和体验街头时尚以及随时随地出现的事物，你都可以过滤出当下的流行趋势和趣味，并判断出哪个是新鲜的、全新的并且是具有潮流指向作用的。当然，街头文化也可以被看作是对过去的回顾，表现出旧时的街头风貌对当代设计师的影响。

20世纪70年代末~80年代初原始朋克次文化的一些图片。

©理查德·布瑞恩/（Richard Braine）PYMCA（上图）

©朱迪斯·爱活斯（Judith Erwes）/PYMCA（从上向下数第三张图）

©哈特·奈特先生（Mr Hartnett）/PYMCA（从上向下数第二张图以及最下图）

巴尔曼2011年春夏系列设计，灵感源自于朋克。

摘自Catwalking.com

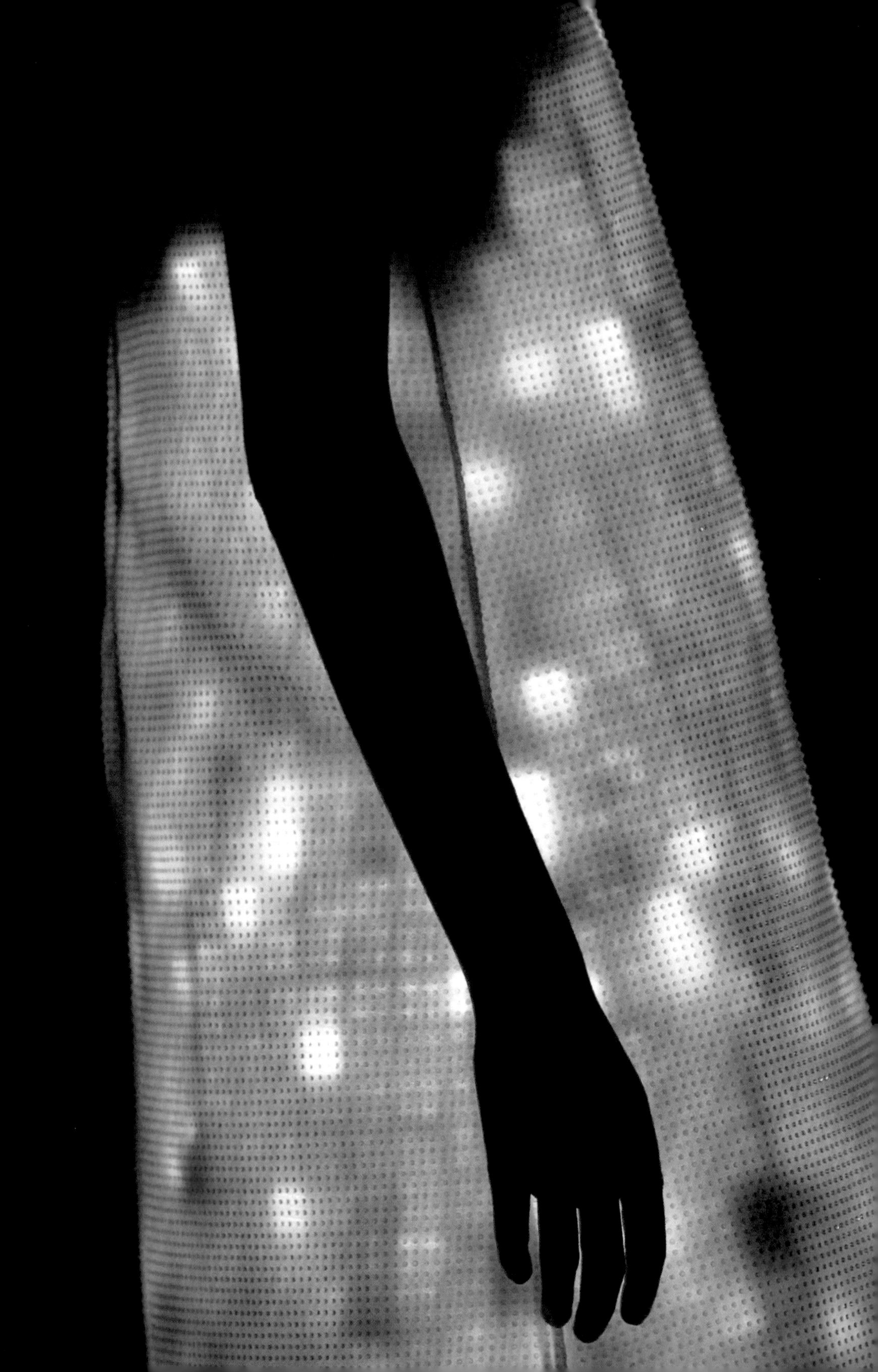

新技术

时尚行业中新技术的发展一直以来都在设计和调研进程中起着重要作用。

20世纪60年代出现的合成纤维技术的迅猛发展以及对太空和未来的极大兴趣，为年青一代设计师带来了灵感，如玛丽·奎恩特（Mary Quant）、安德烈·库雷热（André Courrèges）和皮尔·卡丹（Pierre Cardin）。

近些年来，数字印花技术取得了较大进步，这在巴索和布鲁克、曼尼诗·阿罗拉等设计师的系列设计中得到了充分体现。另外，三宅一生（Issey Miyake）、侯赛恩·卡拉扬（Hussein Chalayan）和渡边淳弥（Junya Watanabe）这些设计师则善于运用新一代面料和材料来设计他们的服装。

例如，智能纺织（E-textiles或Smart Textiles）使计算机和数字化的组件可以被嵌入日常服装中，成为“可穿的技术”。

作为一名设计师，在着手一个全新的系列设计时，能够考虑到这些新技术和未来可能出现的科技创新，这一点很重要。

流行预测和流行预测机构

流行预测和流行预测机构也可以成为潜在的灵感源。

如前所述，当你为一个新的系列设计或一个新品牌的研发进行调研时，对街头文化、新潮流、新技术和全球趣味拥有敏锐的感觉是极其重要的。

追随潮流不仅仅是去关注流行，也指对人口统计、行为、技术和生活方式的关注。客户分析常常会对设计师在今后创作出适合人们穿着的服装和饰品有所帮助。

公司将会花费巨额预算来深入透视市场和设计理念所锁定的方向。

流行预测机构是指为了对时尚行业起到支撑作用而建立起来的公司，专门关注时下的流行趋势和文化诉求。通过市场调研，他们可以针对社会上即将流行起来的理念和方向为设计师提供一些指导性建议。这些理念可以以色彩、面料、细节和造型的形式呈现出来，作为时装设计师，所有这些元素对于创造性的设计进程来说都是必不可少的。

这些机构所发布的信息可以通过专业的杂志和流行趋势书籍获得，也可以通过贸易展会上的展示获得，如巴黎的第一视觉（Premier Vision）。

可以在第146~147页中有关WGSN流行预测机构的访谈中阅读更多信息。

◀侯赛恩·卡拉扬(Hussein Chalayan)2007年秋冬的设计。在卡拉扬的设计中，现代技术的运用已经成为十分普遍的事情。
摘自Catwalking.com

可持续发展及伦理道德

对于社会发展而言，时尚业作出了巨大的贡献。它创造了工作机会和产品以满足人类的基本需求。然而，通过可怜的劳作以及消费至上者的时尚对心理和生态带来影响，时尚也对个体及社会带来广泛破坏。一件时装本身不可能具有可持续发展的特性，而是将在我们设计、制造、穿着、丢弃和转化的每一个环节中被创造出来。我们需要从时尚的角度以一种可持续发展的方式去进行设计。

阿达·赞迪顿（Ada Zanditon）创建的高端且令人向往的成衣，该品牌具有雕塑感和创新性，并带有阿达独具个人特色的插画和印花。采用符合伦理道德的加工方式和可持续利用的材料选用则是该品牌的核心哲学理念。

阿达·赞迪顿（Ada Zanditon）2010年秋冬的系列设计

©保尔·波斯盖（Paul Persky）（下）

阿达·赞迪顿2011年秋冬的系列设计

©萨拉·布瑞姆特（Sarah Brimley）（右）

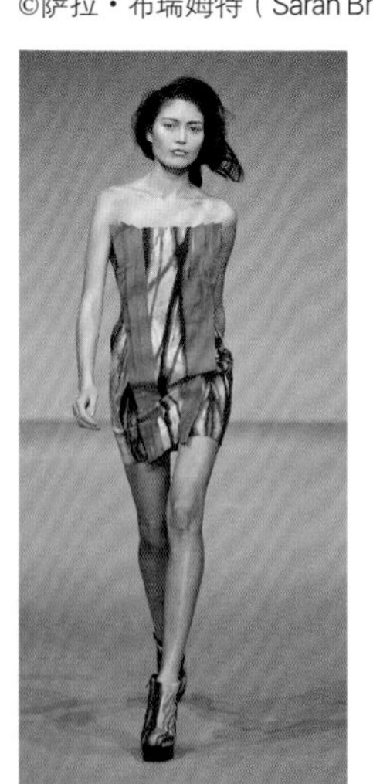

在社会中，人们痴迷于炫耀性消费或“快时尚”，这很容易让人们对时尚产生误解，认为时尚是轻浮的。当把裙子的长度和牛仔洗涤废水与你对现实世界的关注并列在一起时，如气候变化、经济危机、水源匮乏、饥饿和营养不良，就会呈现出一种不合理性。但是如果你将服装看作每天包裹着我们身体的“布”，那么就会看到服装企业给环境和社会带来的影响。

对于创造更为可持续发展的未来而言，通过改善工人、消费者、设计师和制造者的福利待遇来改善时尚环境将是其核心问题。时尚企业对自然资源和生态系统的影响应该是可持续的。当务之急是要减少制造和时尚消费过程中的负面影响。作为设计师，我们可以将使用有机面料、制造无毒的杀虫剂、使用低污染的染色方式作为改变时尚对全球环境影响的有效途径之一。

在设计过程中，可持续发展是值得关注的。这不仅可以使你更多地捕捉到这一领域内的最新潮流，而且当你离开学校、进入企业时，可持续发展也会成为一个边界。为了给时装和纺织业带来改变，应该努力尝试并获得启发，进而思考我们所能做的所有事情以及如何为构建可持续发展的未来作出贡献。

诺基博士（Dr Noki）

诺基博士在爱丁堡艺术学校学习。在建立自己的品牌之前，他与海伦·斯道瑞（Helen Storey）、怀特科·曼尔姆（Whitaker Malem）和欧文·盖斯特（Owen Gastor）一起工作。从他们身上，诺基博士学到了“环保的思维、艺术和手工艺、未来派的思维”。诺基是一位主要面向伦敦东区的、具有颠覆精神的艺术家、设计师、定制者和造型师。早在1995年，他便混迹于老街、肖尔迪区一带，他通常总是匿名的，只能凭借他所佩戴的“品牌化窒息［SOB（Suffocation of Branding）］”面具来识别。

诺基博士是一个回文构词法且语义双关，是一种对全球化时尚品牌形象的戏谑颠覆。诺基通过将“可循环利用的帆布”与具有创造力的剪裁、缝合、贴花和丝网印等方式进行组合来完成对客户定制服装的试验，从而引领起新型的街头服装潮流。

你如何开始运用碎布或回收服装这样的理念作为一种设计方法？

隐藏在诺基后面的最初理念来自于1996年后期的一本杂志《诺基——波德》（*NOKI-POD*），该书的页面从一种艺术的视角来颠覆广告信息的传递方式。它是通过给出一张美丽的图片，并在其后使用较小的印刷字体列出品牌信息的，而不是像普通杂志上所看到的一般商业性视觉广告那样。从没有哪一个广告会如此贴近我的创作理念与活力，所以我把它转化成为这件并不太难看的、可以颠覆品牌信息、造型和功能的T恤。

你是否在你的作品中表达出政治态度或伦理观念？

对于诺基而言，毋庸置疑的确存在着某种政治倾向，但不是直接指向政府的，它更多的是针对超级大牌的，因为它们通过多媒体广告的形式创造出人们下意识的需求，给我们消费至上的消费模式施加了巨大的影响力。通过在凯姆登（Camden）的音乐电视台（MTV）为表演者做造型设计，我获得了这样的认识。直到我阅读了由凯勒·拉森（Kalle Lassen）编写的《文化干扰》（*Culture Jamming*）一书后，我才意识到现代品牌通过广告宣传给我们的生活带来了如此巨大的影响。我正感到有必要创造一个时代宣言，它并不标榜自己是品牌设计与品牌形象狂热追随者的局外人，而是利用品牌的剩余（尾单）产品以及品牌自身作为诺基的一种“独品定制”（只生产一件）的艺术宣言。

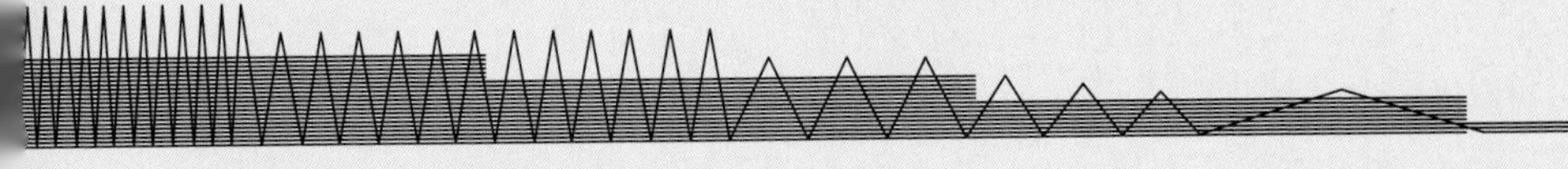

◐ 诺基博士2008年秋冬系列。
摘自Catwalking.com

◑ 诺基博士为客户定制的连衣裙。
摄影：埃克塞尔·赫特（Axel Hoedt）

你是否总是从回收再利用的服装中着手开始你的设计进程？

当我第一次开始为诺基量身定制的服装进行设计时，会考虑印在服装前片上的品牌标志、服装的撕裂程度，然后是面料本身的条件。服装洗得越旧越好，尤其是黑色，因为它可以让我联想起落了一层灰尘的效果，就好像是刚被“炸弹”炸过而在衣服上留下痕迹。它在一定程度上反映出了我的思维所发生的转变，我开始关注这些偏离核心（主流）的设计理念，这些理念现在可以理解为是与“量身定制”相关联的常规美学观念。诺基品牌推演出来的所有造型都是通过研究服装本身并在人台上摆弄它们获得的，正如那些著名品牌做给我们看的那样。

你是否需要一个调研的过程？

我唯一需要研究的就是知道回收再利用的服装是来源于二手市场还是废弃的库存货品。对诺基进行研究的下一个步骤就是以各种不同的方式摆弄这件产品并对它进行审视。

然而，这个过程更倾向于对色彩的把握，而后是肌理感觉，如果有什么摸上去不够舒服的话，潜在的顾客也会再次拒绝它。因此，了解顾客愿意接受什么样的事物也是一种调研。

理查德·索格尔（Richard Sorger）

理查德·索格尔（Richard Sorger）1991年毕业于米德尔塞克斯理工学院（Middlesex Polytechnic）。在返回伦敦工作之前，他在米兰工作过一段时间。2006年，理查德开始为以自己名字命名的品牌做设计。2009年，他发布了副线品牌“RJS by Richard Sorger”，并向世界各地发售。他已经受委托为施华洛世奇非限定线路产品（Swarovski Unbridled）和维多利亚与艾尔伯特博物馆（Victoria & Albert Museum）定制产品，并以其一款裙子作品作为2009年的永久展品。

近期，理查德与米海姆·克希霍夫（Meadham Kirchhoff）、马诺洛·巴拉尼克（Manolo Blahnik）［为米海姆·克希霍夫（Meadham Kirchhoff，美国时装品牌）而做］和ASOS有过合作。2006年，理查德合著作品《时装设计元素》一书出版发售。目前，他是伦敦米德尔塞克斯大学时装专业的资深讲师。

在你的工作实践中，调研有多重要？

“我认为调研是设计进程的基础。由于每年要设计几个系列，因此，我必须每次都能找到新的灵感以对工作保持新鲜感。”

设计过程中最令人享受的是什么？

“最初的调研阶段是最令人兴奋的，因为一切事物都可能激发设计灵感。在设计步入正轨之前，最初的设计阶段可能会显得有点枯燥，但是当第一件样衣出现时，我们便打开了思路。那是一个令人兴奋的时刻。”

你如何开始调研过程？你会从上一季售出的服装开始吗？

“当你运作自己的品牌时，就会不断地从每一季的成功与失败中吸取经验与教训。起初，我很关心服装在批发时会有多贵，然而我所遇到的买手却总是连眼皮都不抬一下。当你面对拥有不同市场的买手们时，能够拥有较低价位的产品总归是一个有利因素。幸运的是，对于我设计的部分服装来说，我可以不必因为成本问题而妥协于设计——我的服装看起来都还很昂贵。我信奉‘渐变’，而不是‘革新’，我不推崇每一季将所有的设计元素都改变。”

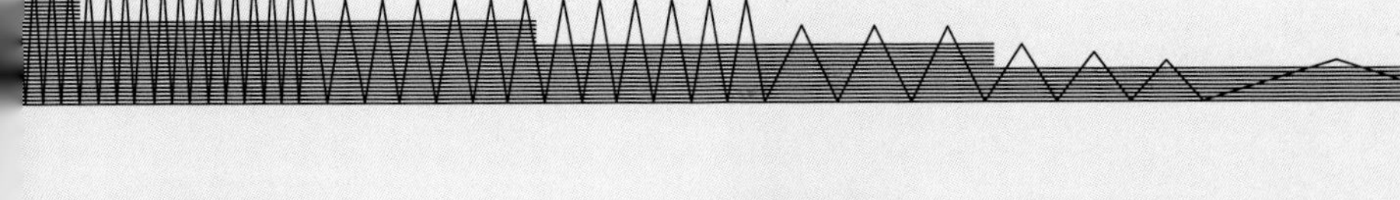

▲▲理查德·索格尔（Richard Sorger）2009年春夏系列，斜裁的裸色玛瑙连衣裙。

▲理查德·索格尔（Richard Sorger）2009年春夏系列，木纹连衣裙。

◀理查德·索格尔（Richard Sorger）2009年春夏系列，蜘蛛蟹连衣裙。

摄影（本页所有图注）：捷兹·托泽尔（Jez Tozer）

理查德·索格尔（Richard Sorger）

你的灵感来源是什么？

“像大多数设计师一样，我会不断地到外面去寻找新的灵感。我一年生产两个系列，也常常会为特殊顾客承接一些私人的委托和项目，因此有时不得不马上给出想法。我会定期参观画廊和博物馆，一些能够激发灵感的事物常常会以抽象的方式对我产生影响，而不是以文字的方式，就像基调或者色彩。我也喜欢很多当代设计背后所蕴涵的思想，如家具和产品设计。目前，我的灵感来源主要是自然历史。我不得不承认我确实喜欢动物园——我上一次去的时候，就对秃鹫和猛禽感到异常兴奋。但是，到目前为止，我还没能用上这些灵感元素呢。”

你会为系列设计设定主题或者情节吗？

“我试图这样做，但是如果主题妨碍了一个好想法的产生，我就不会太在乎它。一个系列要融为一体，可以通过色彩以及所采用的工艺形式来实现，而不是仅仅通过主题。”

你怎样拼贴出你的调研成果？

“我会在手稿图册中拼贴出意向图，同时会附有绘画和设计。我也将图片、面料等那些能够带给我灵感的事物贴在我工作室的墙面上，虽然它们不一定与我正在着手的系列设计有直接的关联。而且我试图每六个月彻底清空一次墙面，然后重新开始。”

设计进程中的调研对于你来说有多重要？

“调研是最棒的部分！调研是不可限量的可能性存在的核心之点，我对即将要做的事情感到十分兴奋，并且会选取合适的书籍、合适的摄影图片以及动物写生的最佳角度，这些都是我所乐于接受的挑战。”

你如何从调研入手开始设计的？

“了解了调研的乐观一面以后，接下来就是初期设计工作的悲观一面了——需要花费一段时间才能“切中”有效的设计，并达到令我满意的程度。这是我每次做设计时都会有的经历，因此我总是试着提醒自己它仅仅是一个阶段，我会有所‘突破’的。到目前为止，我一直都是对的。”

“在运用各种不同的图片进行系列拓展设计时，对主题素材进行绘画是极有帮助的有效方式之一。绘画本身就充满了乐趣，尤其是当我学会如何去画的时候。例如，从不同的角度来看蛇头的曲线，或是露天集市上艺术品的线条。我认为呈现在我面前的服装图案可以不经过速写本上的初稿练习就能画出令人信服的线条几乎是不可能的。这也是将所收集的调研素材在头脑中进行加工处理的过程，而且，它使我有时间去思考对于实际的设计我能做些什么。”

你怎样将设计拓展成为一个系列?

“我要确保色彩、面料、图案和工艺在系列设计中可以重复出现，但是能够将我的系列设计统一在一起的实际上是所有服装都是以刺绣的形式完成的。”

你如何将每一季的两个线路作出区别呢？两个线路之间具有创造力的因素是什么?

理查德·索格尔(Richard Sorger)是一个允许我的想象力（以及成本）漫无边际的品牌线路。理查德·索格尔的RJS系列（RJS by Richard Sorger）则是一个更为商业化的线路，我需要考虑更多的成本和消费者因素。在实际运作中，理查德·索格尔（Richard Sorger）主线确定的主题将会为PJS系列的下一季设计提供主题，但这一点也常常不能奏效，因为当我为一个线路做策划时，另一个理念也会随之而来。

每一季的销售数据在多大程度上左右着新一季系列产品的创意拓展?

“我想，在某种程度上，大多数设计师都不得不被他们的销售量牵着走，毕竟这是生意！我会把一些在上一季卖得比较好的设计，从某些角度继续整合到下一季产品中去。我把它看作是一个理念的有机发展。如果一件单品或一种刺绣工艺卖得很好，我还会在下一季的服装中以一些新的形式来使用它，而不会觉得有什么不好。”

对于那些有兴趣在时尚行业内工作的人们，你有什么建议吗?

“一些正规的训练是有用的。当然也有例外，也有不经过院校培训而成功的设计师，但是几代人中才会出现一个。总体来说，如果拥有一个学士学位或硕士学位，还是会使时装设计师颇为受益的。先获得一个学士学位，再考虑硕士学位，当然，还有尽可能多地去设计师那里做实习生。”

“尽你所能（财力方面）去获得丰富的工作体验——在设计室中拥有不可缺少的地位是获得一份工作的前提，即使你做不到这一点，至少你也可以把它作为一种经历写到你的简历中。不要急于建立自己的品牌——应该先建立起人脉关系并能够从别人的错误中吸取教训。”

“如果你是一个面对‘小众’市场的设计师——例如，如果你设计定制服装、饰品或针织服装；买手知道后就会去找你，会比那种什么都做一点但什么事都做不多的设计师要好。但是如果买手对你的专长不感兴趣，这一点就会成为你的劣势。”

如果你有很好的社交能力、精力充沛，并且善于组织的话，也势必会对你的发展有帮助。

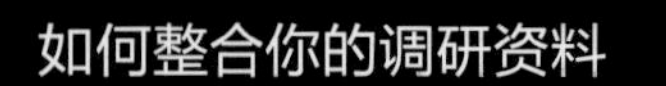

“作为一名时装设计师，我知道我不是一名艺术家，因为我创造的是那些生产出来用以售卖的、市场化的、为人们所使用并最终被遗弃的事物。”

——汤姆·福特（Tom Ford）

到目前为止，你已经对什么是调研以及作为设计师为什么需要调研有所了解了。你也学会了在哪里可以找到这些灵感素材。

在这一章中，我们旨在为你解释如何将你所发现的信息资料进行整合。书中讲解了一本手稿图册的格式以及编辑调研资料的多种表现手法，如从绘画和拼贴到解构与分析。

本章运用不同的手稿图册图例来说明你可能采纳的多种风格。本章也探讨了如何将调研向前推进并将注意力锁定于基调板和概念板中的关键要素，为设计进程作准备。

作为一名设计师，能够对手稿图册中的设计理念进行探索和试验并将它们充分表现出来是十分必要的。

概括地说，一本手稿图册就是将你收集到的所有信息资料进行拼贴和加工的地方，而且就设计理念来说，它可以成为一个非常私人和个性的空间。

整合你的调研

对于传统意义上的手稿图册而言，设计师可以根据他们所需要的规格和尺寸进行挑选，并且按照书本的形式进行拼贴而成。然而，一本手稿图册，也可以通过慢慢采集、创作出来，而后再加装封面制作而成，这样设计师就可以在必要时对其进行挑选和编辑。

调研素材也可以以一系列故事板的形式进行表现。这是设计工作室常采用的方法，在那里，图片、照片、绘画、面料和装饰品都会贴在灵感墙上或一系列基调板的墙面上。

手稿图册也可以被看作是一种工具，其功能是向他人描述和展示系列设计以及你所经历的旅行。这常常是非常重要的信息，因为它将展示出你是如何感知周遭世界的，并证明你有能力成为具有创造力的思想者。在设计工作室中，它也可以成为你与其他人一起分享的信息资料，以确保大家可以围绕着共同设定的主题展开工作。

调研手册不仅是一本贴满零散书页和照片的剪贴簿，而且也是一个学习、记录和处理信息的地方。一本手稿图册应该通过探索和试验多种多样的表现手法来传达信息。

▼ 软木制成的背景板可以作为初期概念的故事板使用。

▼▼ 学生手稿图册中的绘画示例。

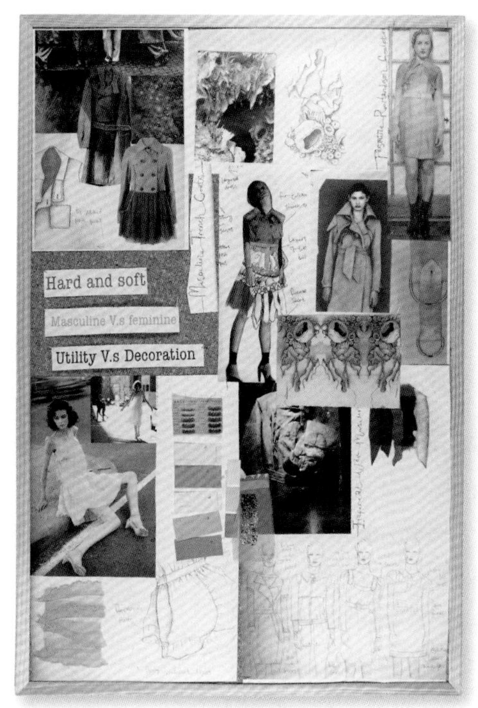

手稿图册

你能够买到各种尺寸、规格、重量、色彩、装帧方式的全新手稿图册。当然，你也可以自己动手来制作，尝试使用不同品质的纸张，在装订之前可以对你的作品进行编辑和排序。另外，你也可以用二手的（旧书）形式来创作手稿图册，通过使用旧小说或课本来完成，也许可以运用正文作为调研主题的背景。

绘画

绘画是一种非常基础的方式和技巧，你必须要去不断探索和完善。它是在现场记录信息的理想手段，换句话说，它是收集一手信息资料的好方法。

运用各种不同的绘画工具，如铅笔、钢笔和颜料，你可以利用从灵感素材中提炼出来的线条、肌理、色调和色彩来探索其各自的特点和风格样式，同时使你的调研和设计得到深入发展。

将作为灵感来源的物体或图片的全部或者部分画出来可以帮助你理解其中所蕴涵的造型和形式，你可以依次将这些线条转化成为设计或纸样的裁制。通过绘画探索到的笔触和肌理效果也可以在设计中转化成为面料的参考图案。

发展视觉语言技巧十分重要，它是贯穿于整个创造性调研进程而需要你不断去做的事情，绘画只不过是其中的一部分。

学生手稿图册中的更多绘画示例。

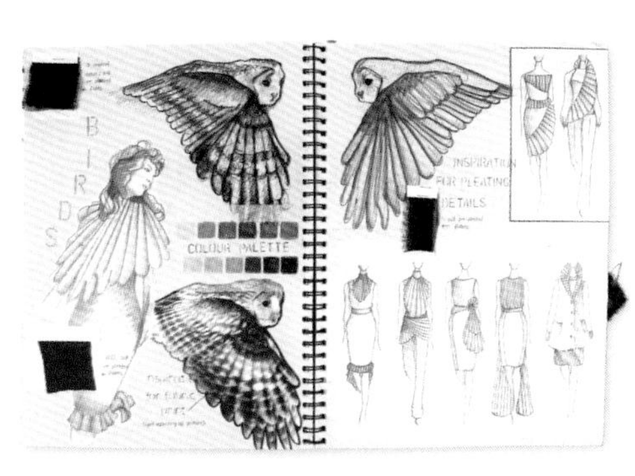

作为设计师，熟知各种绘画素材的性能将使你拥有更强大的能力，进而对调研和灵感分析进行诠释和拓展。

运用各种素材和技艺来捕捉和记录创意理念是手稿图册阶段中的重要部分，广泛而多种多样的绘画手段的运用将会有助于对调研进程进行指引和推进。

使用具有创造力的绘画技艺，运用多种绘画手段混合的方式探索调研和解析，将会有助于你通过自己的创作方式传递一种样式、创造一种审美观，同时也可以发展出极具个人特色的视觉语言。

这里有许多不同的绘画素材及其不同的使用方法，只有通过试验，你才可能发现哪一种最适合你。这里列出的都是一些当你在捕捉和记录创意理念、拓展绘画技能时可能会用到的绘画素材。

绘画用具

石墨铅笔

当你一想到绘画，首先想到的就是使用铅笔；它从硬到软分为不同的深浅，可以使你很轻松地塑造出物体的黑白色调和线性特点，同时可以将这些绘画转化为早期的设计理念。石墨铅笔可以被用来在一幅绘画作品中表现出多种不同的肌理感；技巧的探索将主要通过橡皮或交叉影线的方式进行加重着色与提亮高光，以此增加肌理感，并暗示出材料或纹样。

圆珠笔和描线笔

运用圆珠笔或描线笔进行草图绘制能够产生一种与硬铅笔相似的效果，但是通常会要求设计师更注重线条和图形风格。可以通过使用诸如连续线、只用直线和物体的单线等表现技巧绘制草图。钢笔的使用可以为绘画提供多种不同的风格和表达方式，常常可以起到增强设计草图清晰度的作用。

彩色铅笔

这些素材为设计师带来了绘制草图和着色的非常快速而干净的方法。运用彩色铅笔可以为绘画加入更多细节和肌理。不仅如此，如果你使用的是水溶性彩色铅笔，笔刷和水的使用将会带来色彩融合和高光效果。水将会使色彩溶解，并将光感和透明效果引入绘画中来。水还可以使色彩获得融合和混合的效果，并可以为设计绘画创造出一切可以观测到的深度和色调层次。

蜡笔和彩色粉笔

蜡笔是使用干的粉状填充剂与黏合剂一起混合制成的，当固化以后，就形成了蜡笔或粉笔。蜡笔使设计师可以创造出柔和的、粉笔般的笔触和天鹅绒般的后处理效果。在使用蜡笔着色时，常常可以借助手指进行表现，并逐渐描绘出强烈的高光和朦胧的色调。彩色粉笔是由粉笔组成的，它与胶和油结合在一起，可以创造出一种更加强烈、厚重的线条。彩色粉笔是比蜡笔更硬、更精细的介质，但是可以和蜡笔一起配合使用，创造出富有表现力的绘画和插画作品。

墨水、笔刷和钢笔尖

墨水是一种液体的介质，是具有强烈表现力的颜料。当使用墨水时，你可以运用流线创造出色彩强烈的效果，当把墨水与水混合使用时，则可以获得柔和、透明的效果。运用笔刷，它可以铺满大部分的画作，将色彩和色调在更大的空间内呈现出来。运用钢笔尖，可以把它看作是钢笔，从而获得更为尖锐、精细的笔触。墨水是很棒的介质，在干纸和湿纸上都可以使用，并具有不同的表现效果。当把墨水与铅笔和彩色蜡笔或粉笔混合使用时，它可以为设计师的手稿图册带来深度和对比度。

水彩颜料

这是以运用水的技巧为基础的介质形式，它可以为你的绘画创造出透明、柔和、流动的渲染效果。运用水彩颜料可以分层使用色彩，逐层地建立起色调和深浅效果来表现肌理、光线和造型。在运用更多色彩或使用像铅笔与蜡笔这样的干燥媒介之前，还可以将纸张进行冲洗并晾干，这是进行肌理和面料渲染试验的极好方法。

马克笔和点胶毛刷笔

运用马克笔或点胶毛刷笔，是手绘渲染图最时尚的表达方式。由于它们具有快捷、干净和形象生动的特点，会被特别应用于设计过程中。马克笔有各种不同的色彩和深浅，一名优秀的设计学生应该为设计绘画准备好两支分别具有细微差别的裸色和肤色的马克笔。

在调研中，拼贴技法的运用是指将从不同来源获得的信息资料拼凑在一起的另一种方法，如照片、杂志剪报以及从网络上打印出来的图片。

挑选出来的图片并非一定要有一眼就能辨识的共同点。一张好的拼贴图将会探寻多种不同的元素，它们显示出各自的冲击力和特性，但是当把它们组合在一起时会从整体上呈现出新的方向。当加工图片时，不要局限于规则的造型，如长方形或方形，你可以剪出各种形状并以一种具有创造力的方式将它们拼贴在一起。想想蒙特·佩松（Monty Python）拼贴的标题和波普艺术家彼得·布雷克（Peter Blake）的作品，他为甲壳虫乐队的《佩珀士的孤独之心俱乐部乐队》（*Pepper's Lonely Hearts Club Band*）专辑创作封面时，就是将信息资料都放在一起。因为在手稿图册中要探索这种技法的表现，所以需要逐渐学习这种与比例、位置和图片选择有关的技巧。

拼贴

拼贴，是指将少量纸片和照片粘贴到一个平面而获得的艺术合成品，这个词最初起源于法语单词“胶水”（Glueing）。

▼▶ 学生的手稿图册探索了拼贴手法的运用。

Gianfranco FERRÉ

Storm Guards
Oversized
Sculptural
Pod Shapes
Repetition
of key
shapes
Extravagant pleated
Skirt
Informal Storm
guards
Pleated
bodice
irregular waist
band
Buttoned/
Eyeletted
Leather
Sleeves
Shibori fabrics
Laddered
or
Latchhooked
knitted
trousers
Large Masculine
Leather belt
Tulle
Jellyfish
Skirts
Pleated Circular
Skirt
Leather
waist-
belt
harem Style
three-quarter length
trousers
Frilly Ankle
Cuffs
buckled
Collaged Designs

并置

如果拼贴是指将图片剪切并粘贴在一起来创造出新的理念，那么，并置就是指将图片和面料在页面上并排地放置。

这种方法常常可以将毫无关联的元素组合在一起，分享其相似性。例如，具有螺旋形状的化石和螺旋形状的楼梯，或者可能会暗示出面料特性的图片，又如，海星和珊瑚的肌理可能会使人联想起具有凹凸肌理和装饰感的面料。

并置

并置（Juxtapose）：放置或排列紧密以达到对比的效果。针对调研与设计而言，这主要是指将图片和面料并排放置在情绪基调板或手稿图册上。

学生的手稿图册表明了自然界与一系列面料之间存在着明显的关联性，示例说明了并置的用法。

解构

解构或拆解调研成果是指寻找一种看待信息资料的新视角。它可以被简单理解为运用取景框提取物体的一个角度，这样就可以聚焦于原始素材中的细节元素并获得抽象的创意。然而，它也可以被理解为像智力拼图玩具一样将信息资料打散，然后再以不同的方式重新组合来创造出新的线条、形状和抽象的形态。

解构也是一种以实际服装作为灵感进行创作的过程。它是一种技术，你可以运用这种技术分解现有的服装，并且分析它们以前是如何被创作出来的，也许还可以从它们身上获得纸样，同时关注那些能够转化为设计理念的结构细节。

◀ 川久保龄2011年秋冬的系列设计中心，这套服装清楚地表明了对一件外套（连衣裙）的解构。
摘自Catwalking.com

取景框

取景框是一个充满创造力的工具，它可以使你遮住整个物体，然后只露出或者看到它的一部分。它可以由简单的卡片或纸张制作而成，需要你做的所有事情就是在它的中央剪切出一个小的正方形窗口。根据你的需要，这个窗口可大可小，但是核心要点是要能够找到作为灵感来源的物体或图片的局部视角。

由于来源于毫不相关的参考资料和调研结果，所以调研资料最初可能显得十分抽象而且不尽相同。绘画、拼贴和并置是对这些信息资料进行拼凑和试验的有效方法，而对照参考则是一种可以帮助你找到彼此相关或互为补充的视觉参考要素的技法。随后，可以对这些参考要素进行分组，进而使它们转化成为初期的主题或概念，这样你就可以在设计进程阶段进行更为深入的探究。

这里给出的图例表明了诺玛·吉博（Naum Gabo）的雕塑和三宅一生的服装之间是如何具有相似性的，所有这些参考资料都来源于不同素材，但是把它们放在一起时，你就能看到它们彼此之间如何产生关联并且为你的设计提供新的方向。

将具有相似特点的素材进行混合是对照参考的要点，而且也是所有好的调研及其初期分析中必不可少的部分。

▼▲ 学生的手稿图册演示出各种各样对照参考的资料。

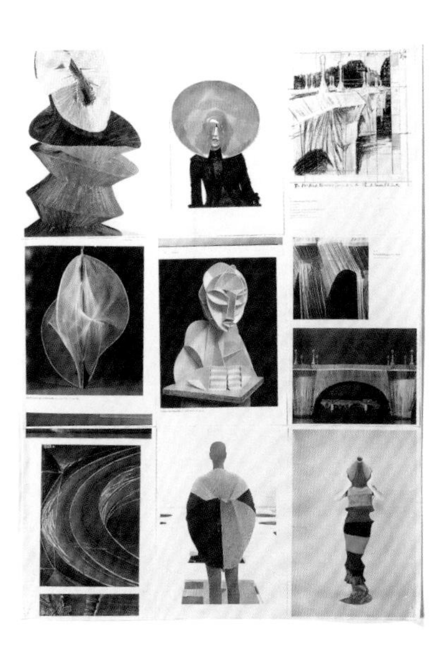

Hans Bellmer
Comme Des Garcons
Lumps and Bumps

Balenciaga tailoring
Puffball Sleeves
Bulbous Draped Skirts
White Spotted Jellyfish

当通过拼贴和对照参考的手法来探索研究素材并整合设计理念和概念时，你将会发现设计的潜在方向。正如我们已经探讨过的那样，作为调查、研究的一部分，你必须拥有与造型、肌理、细节、色彩、印花以及历史性相关的参考资料。现在运用你的调研材料并且以初期设计草图的形式来对它们进行分析是很重要的。

▶ **马克·法斯特（Mark Fast）2011年春夏的针织连衣裙对于浮线工艺进行探索。**
摘自Catwalking.com

▼ **学生手稿图册中从调研图片获得肌理来探寻初期设计。**

为什么调研分析很有用呢？

要想获得初步的分析结果，你需要从收集的素材中提炼出造型要素，试验性地混用多种工具来进行草图绘制、细节和廓型研究、白描线稿和结构细节绘制。

这些草图也应该对肌理、图案以及可能采用的装饰手法进行探索。草图绘制既可以指在人体上进行绘画，还可以指将所采集的信息资料进行简单的表达。

色彩是需要予以考虑和探索的要素，它可以通过混用多种绘画工具、以调研素材为灵感来源并从中提取出色彩基调与组合的方式来获得。与肌理和可能采用的面料再造相关的初期理念也应该体现在调研中，而且，这些理念应该可以形成对面料设计的初步分析。你必须开始寻找并整合那些与你的灵感来源有相似点的面料小样和边饰，同时也要将调研对面料与肌理所起的作用展现出来。

调研分析的另一个关键阶段是试着将初期造型从调研转化到1/4比例的小人台或在人台上进行立体造型（见第112~115页）。这是一种三维立体的分析方法，通过对收集的信息进行试验和转化，你将会看到服装概念的发展潜力，并且可以通过拍照和草图绘制的方式来进行记录。这是调研和设计过程中相当有价值的部分，这一点在第四章中进行了充分的探索。

通过调研、整合和分析阶段，你会逐渐找到更为明确的设计方向和设计重点。这一过程中的每一个阶段都会为你带来一名设计师所需要的灵感启发和资料基础。分析环节将会为你提炼出系列设计所必须考虑的关键要素，如造型、色彩、面料、细节、印花图案和装饰手法等。

接下来的阶段则是运用手稿图册聚焦思维，并且创作出一系列效果图来逐渐明确你想运用的元素。

你应该允许其他人就设计图中的核心问题提出意见。换句话说，如果你是在一个团队中工作，这是一个核心要点，团队中的其他成员可能会对系列设计所探究的方向作出反应，因此你可以将他们的意见或者建议添加进来。

这种对关键元素的聚焦也可以通过一系列基调板、故事板或概念板的形式来呈现。

学生的手稿图册中显现了重要的影响要素、灵感来源、面料和色彩基调的拓展。

聚焦调研页面

在这个练习中，你需要强调一下调研的重点，并编辑出一系列概念或焦点页面。

首先，记住那些你从不同灵感来源素材中探索和调研的要素，然后试着挑选出最棒的、可以进一步得以拓展的元素，或是与初期设计相关的要素进行编辑。

现在将前面讨论过的、与每一个目录相关的元素进行整理，其目的在于确保调研和设计可以从一系列理念和标题开始。

- 造型和结构
- 细节
- 色彩
- 肌理
- 印花和装饰
- 历史影响
- 文化影响
- 当代潮流

将调研素材进行收集、分组并集中成为一系列页面或者故事板的核心要点，这可以使你在设计进程得以推进之前对灵感进行回顾。

复制手稿图册中的页面，这样就可以通过剪切和粘贴的方式将最棒的元素集中在一起，构成一幅全新的并置或交相参考的展开页了。

到目前为止，你需要确定的是，你所拥有的图片和面料小样可以讲述调研的故事。色彩、肌理、造型和细节都是设计的基础要素，这样来设定这个练习，其目的在于使你能够思考那些你所发现的元素，也许还会审视那些可能被遗漏的，或需要进一步调研的元素。

焦点页面可以展示出从调研中获得的不同的设计方向和组合的可能性，并非一定要很相似，而应该取决于所做调研的广泛性和多样性。但是，焦点页面至少可以有助于提取所需要的关键元素，从而将调研与设计过程向前推进。

切记：当这些页面被设计出来，就构成了设计手稿图册中的粗略且具有实验性的部分，它们可以延伸出更完美的情绪基调板或故事板，正如以下几页所展示的效果。

情绪基调板、故事板和概念板是一种向他人展现设计者聚焦的设计信息的方法。这里的“他人”是指客户、资金赞助商、设计师团队或是指导教师。

这些图板可以被理解为系列设计的封面，并且应该通过一定数量的图片资料来讲述调研故事。图板的名称暗示出其各自试图要表达的东西、创造的基调、讲述的故事和探寻的概念。

目标市场

在调研开始之时，就应该将设计人群考虑进来，算作是对设计任务书结论的回答。很重要的一点是，应该能够从基调板的图片中体现出目标客户，换句话说，就是呈现出反映他们生活方式的图片或者简单地使用品牌的标志。

制作一个专属图板

情绪基调板、故事板和概念板，通常要将它们装裱在纸板或卡纸上，因为这是一种很耐磨的材质。

这些图板的尺寸规格多取决于设计工作室通常采用的比例大小，但若是作为教学之用则可以小一点。

这一阶段所要做的事情就是将图片和面料小样进行简单的排版和构图，而且运用调研整合阶段所采用的理念表达技法，如拼贴和并置（见本章前文所述）。

基调板和故事板的实例。

关键要素

基调板的关键要素应该包含的内容有:

色彩基调

色彩要以色块的形式明确标出。这些可以是手绘的色卡、潘通色卡或将它们混合使用。能够附上一幅图片来完善说明并支撑选取的色彩也是很重要的。

主题(调研)的参考资料

主题(调研)的参考资料是指为观看者展示调研之旅源自何处。它需要你对那些最重要的灵感来源图片进行集中整合。例如，如果探寻20世纪20年代的服装样式，你就应该附上可以暗示这些元素的图片。

面料

在调研过程中，你应该已经收集到了面料小样和印花图案的设计理念、装饰手法、边饰材料等。基调板上要显示出这些起到暗示作用的面料并以此来对所发展的设计理念起支撑作用。

关键词和文字说明

通常，由形容性的语汇或短语构成的文字说明会对系列设计的主题或故事的描述有所帮助。

造型形象

这一点与目标市场密切相关，因为造型形象可以帮助你围绕生活方式的表述来展现设计。所选图片要能够体现出系列设计的理想化形象特征。然而，它也体现出一种整体的包装，也就是指拍照的环境或背景、色彩、道具，以及造型、发型和妆型，所有这些都将会为系列设计创造出一个理想化的形象。

如何运用调研素材在手稿图册中进行排版并没有严格、固定的法则。你不必用调研图片和绘画来填满每一张页面，留出的空间常常会为页面及其阅读增添活力。不同的边缘形状和不规则的尺寸大小都可以成为信息资料构图和排版的要素。允许不同来源的素材通过拼贴相互作用，在并置排版时，也要注意留出一定的空间。

通常在两个相对的页面上所需的就是一幅精美的绘画和单张照片，这足以说明一个设计理念并呈现出具有视觉冲击力的事物。手稿图册总体上应该保持均衡，这样从信息资料和灵感素材的角度来说就会有疏有密、有张有弛。

手稿图册终归是与灵感和调研相关的，所以，它的版式不应该太过呆板，否则会对这一重要的实践环节带来限制。这里给出了各具特色的手稿图册的实例，它们都对这一章中所探讨的设计理念进行了更深入的探究。

▼◀▶ 学生的手稿图册展示出不同形态的版式和构图，以及初期探究的设计分析，速写和拼贴手法的运用。

fabric experiments

high collar?

Hans Bellmer - Linear drawings

Salvador Dali

defining and distorting the human figure

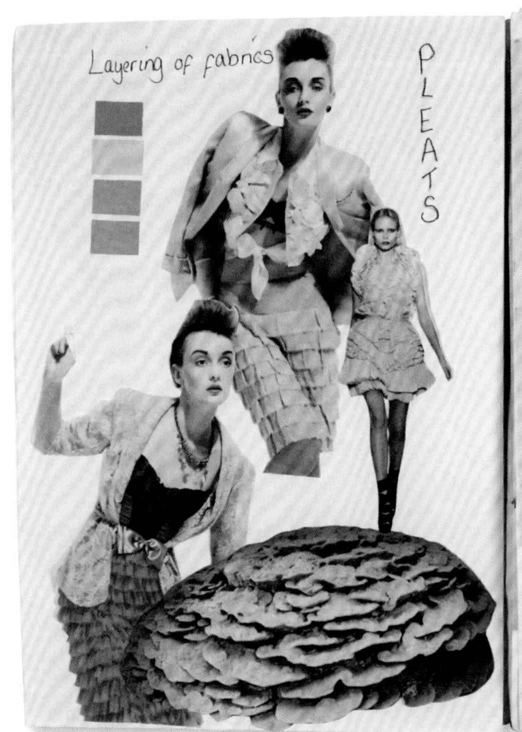
Layering of fabrics
PLEATS

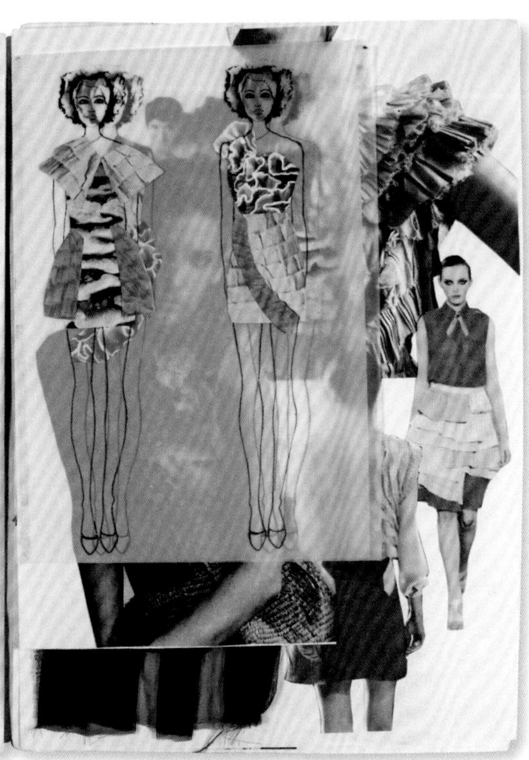

STEAMPUNK

深入说明初期探究设计分析的手稿图册实例。

INUIT CLOTHING
Native Arctic prints line hemlines/necklines
'fur' hood-inspired by Inuit clothing
Beautiful ideas for print and beading
could be print or embellishment
graphic print
Coats made from skins such as
PRINT IDEAS

Appliqué on seal skin, 'Human and Animals' 1956
IDEAS
FOR
TRIMMINGS
↳ Hand stencilled birds on fabric - A traditional Inuit style print.
Black/Red Printed cotton.
'Dogs see the Spirits' - stenci
made by Inuit woman.
Many Inuit when they see a
dog jump up from a sound
sleep and bark, believe
HANDMADE
ESKIMO
PRINT
LAZER
CUT....
These bird stencils could be lazer cut of garments to create a print design.

奥玛·卡索拉（Omar Kashoura）

身为阿拉伯人和英国人的后裔，奥玛·卡索拉在2004年以优异的成绩从伦敦时装学院毕业。他凭借着一个系列设计在2005年纽约艺术风格大奖（New York's Gen Art Style Awards）中获得最佳国际男装设计师的称号。随后，奥玛·卡索拉便在伦敦的时装品牌普林恩（Preen）以及后来的Unconditional品牌开始了他的职业生涯。2006年，他攻读了圣马丁艺术学院的硕士学位。

奥玛·卡索拉的标签已经成为易于识别的品牌，而且已经从时尚企业中心获得了支持。2008年，他赢得了享有盛誉的德意志银行金字塔大奖（Deutsche Bank Pyramid Award），并获得了美国商务部（BFC）新生代支持的两季的运作。2010年，他为一个土耳其品牌Tween发布了合作线路产品，并被世界知名的顶级商家哈维·尼克斯（Harvery Nichols，起源于伦敦的顶级时尚消费场所）、法兰诺斯（Flannels，英国最大的独资奢侈品零售集团）选购。2012年，他与托普曼（Topman）旗下的兰斯（LENS）品牌合作发布了线路产品。

你是怎样开始调研过程的？

我们调研的出发点来自于一个明确的思维空间。当一切准备就绪时，它就会出现。为了激发火花，我必须保持一个清醒的、不被打扰的和开放的大脑。设计调研开始了，我会不断受到启发，鼓励自己去质疑生活中的境遇和情景。我更多地从字词和情感中获取灵感。这些问题将我引向主题，并通过调研找到相关事件、艺术家和图片资料，正是这些构成了系列调研的基础。

你所为之工作的，是什么类型的设计任务/局限性/方向/市场？

在拓展创意时很重要的一点就是，需要考虑市场和消费者。男装中的产品驱动更明显，当我们拥有一个很棒的创意或设计工艺时，这些就必须转化成为一个具有商业可行性的产品。我们的产品定位于与博柏利（Burberry）和德里斯·凡·诺顿（Dries Van Noten）品牌格调一致的高端市场。就我们与奢侈品牌的竞争而言，精准是至关重要的，因为我们的所有加工生产都是在英国境内完成的，所以，我们必须对一件服装的工艺投入相当多的时间，同时还要针对每组面料的风格拓展出内在、外在的工艺和后整理方案。

你设定主题吗？如果是这样的话，怎样设定，从哪里开始设定？

从一季到一季之间的转换时间是越来越短了。我认为设计理念和设计应该保持延续性，而不能变化得太过突然。带着这样的观点，我们喜欢在一季与一季之间延续一些思想、情感和理念。每一季都会讲述一个故事，针对这个故事，我们会撰写一段文字。从个人以及设计师的角度，我都喜欢去感受一个目的并理解其缘由。

◐◭ 奥玛·卡索拉（Omar Kashoura）设计的2012年春夏系列的《存爱》的面料小样和色彩小样。

你的灵感来源是什么？

灵感来自于以下这些方面：我们为之设计的男性以及我们期望成为的人，可以激发情绪的主题或概念，以及在与艺术家、事件、其他设计师和纺织业相关的初期调研中可以获得的次概念。当想到“男人”时，我们总会注意到男性的阳刚之美。我总是从传统、道德和力量中获取灵感。一个现代世界中的经典男人形象，逐渐成熟，性感而强健。

你认为调研对于设计过程而言有多重要？

调研对于设计过程至关重要。它是设计过程中最让人享受的部分，而且每一季我们都会学习到新的东西。从最初的理念设定到最终的展示样衣是一个令人难以置信的旅程。这是一个包含着反复“压榨”大脑、解决问题、通往最终阶段的设计拓展过程。

虽然，我们生活在一个充斥着视觉影像的世界，但对于我而言，阅读文学、历史并理解理论知识同样可以打开我的思维。它使我有机会想象和思考。这一点会将我引向图片，以及以手写的形式记录出一页页的原创理念。

作为一位设计师，我常常会运用我的服装设计打造出带有本人男性特点的形象，进而表达出我对男性美的理解。每一季，我们都会研发出带有这种男性想象的壁纸来铺满我们工作室的墙面；它们可以激发那些在服装中蕴含的情感和能量。

对于那些致力于时尚或流行预测行业工作的人有什么建议？

我的建议是好好生活，体验一切事物，拥有个人特色，发展独特个性。

珍妮·帕克汉姆（Jenny Packham）

珍妮·帕克汉姆从英国圣马丁艺术学院毕业，她的客户包括剑桥的公爵夫人们、安吉丽娜·朱莉（Angelina Jolie）、卡梅隆·迪亚兹（Cameron Diaz）、桑德拉·布洛克（Sandra Bullock）、瑞希·威瑟斯彭（Reese Witherspoon）、珍妮弗·洛佩兹（Jennifer Lopez）、杰西卡·贝尔（Jessica Biel）、凯拉·奈特利（Keira Knightley）、珍妮弗·安妮斯顿（Jennifer Aniston）。她的设计被选中用于奥斯卡提名的影视作品中，从《欲望都市》和《穿普拉达的女魔头》到詹姆斯·邦德系列电影《皇家赌场》和《择日而亡》，再到《哈利·波特》中艾玛·沃特森（Emma Watson）的人物造型。

珍妮·帕克汉姆的系列设计以在世界顶级时尚店铺中售卖为特色，如哈罗兹（Harrods，英国著名百货公司）、波道夫·古德曼（Bergdorf Goodman）百货等。作为英国倍受关注的先驱设计师之一，她将创作天分和商业运作成功结合。

珍妮·帕克汉姆还获得了2011年婚纱买手主办的年度最佳婚纱设计师大奖。

你如何开始你的调研过程?

每一季都是不同的。有时，灵感来自于一次旅行或一本书，一间画廊或者是一段引言。了解市场上所发生的事情是很必要的。我总是会在销售旺季去走访展示间，去倾听消费者的评价。研究销售报告、了解买手模式、分析政治经济因素，这些都将会对下一季的产品设计产生影响。另外对于其他设计师的系列设计及其获得的评价有所了解也是重要且有帮助的。然而，除了所有这些以外，时尚不能被看作是一门科学，在策划和创作系列设计中，本能也起到了极大的作用。

你为之工作的是哪种类型的设计任务/局限性/方向/市场?

我们每季要生产大约70件单品的系列，并定位于一定范围的价格带。季前展示要更为商业化，这样可以确保在发布会的设计上更自由。我们拥有的是国际化的业务，在款式上坚持走全球性的差异化路线。

你设定主题吗？如果是，你是怎样设定的，从哪里开始?

设计理念越清晰，需要获取的调研素材就越多，也就越容易设计。我们花费相当一部分时间将理念放在一起，然后让它们贯穿整季，彼此包容。

你的灵感来源是什么?

我热衷于寻找灵感。通常，每当我完成一个系列时，就会对新的系列有感觉了。这样很棒，因为作为一个团队，说明我们极富创造力。总体而言，我需要花上几天的时间来考虑我将如何看待下一个系列，然后，我们调研并创作创意板。

有没有一些素材是你在每季或每个系列之间反复出现的呢?

是这样的，一个人的情绪会转而关注那些先前不太感兴趣的某个事物或某些细节，是因为它们出现在了合适的时候。只有当某些素材令你钟爱或带给你灵感，你的创造力才会得到提升。例如：徜徉于巴黎的罗宾博物馆不一定会为系列设计带来灵感，但是工作的热情却可以点燃创意。

对于即将在时尚行业/流行预测行业中工作的人有什么好的建议吗?

就我个人而言，就是热爱你所做的事情；绘制手稿、调研、与打板师和其他具有创造力的人们一起工作，我享受着业务上的挑战并融入其中，进而推广产品并完成销售任务。我从未想要在生活方式、社交活动等方面时尚起来，如果你想让自己的每分每秒都时尚起来，你就必须对整个过程拥有真正的热情，并愿意始终如一地为之努力，以及愿意从不间断地推进演变。如果它变得很愚钝而重复，你就有麻烦了。

◀ 珍妮·帕克汉姆2009年秋冬作品。
摘自Catwalking.com

▶▶ 珍妮·帕克汉姆2010年秋冬作品（次页，左图）。
摘自Catwalking.com

▶▶▶ 珍妮·帕克汉姆2010年秋冬作品（次页，右图）。
摘自Catwalking.com

“时尚只不过是一种令人不堪忍受的丑陋形式，所以，我们被迫每六个月就去改变它一次。”

——奥斯卡·威尔德（Oscar Wilde）

4

设计就是将已知事物以令人耳目一新的方式混合在一起，以创造出鲜活和原创的产品。它也是指充分挖掘所收集的调研资料的内在潜力并将其成功转化为产品的过程。在本章中，我们旨在讲解将调研资料转化为设计的基础性阶段。想要成为一名成功的时装设计师，很重要的一点就是要明白什么是设计拓展进程以及它们如何对具有创造性的作品产生影响。

本章还会进一步探讨服装的廓型和功能，并关注织物的选择以及色彩与印花的运用。它也为你提供了几种训练方法，以帮助你获得设计创意并逐步发展出一个系列。设计进程的最后阶段将是反复推敲和修改创意理念，以获得具有内在联系且完整的系列设计。

到目前为止，你所做的所有工作都还集中于设计进程的调研和灵感探寻、收集创意理念以及在手稿图册中进行各种信息的拓展试验。但究竟什么是设计呢？如何开始设计并逾越灵感与真正的设计进程之间的沟壑呢？

当然，运用回收服装和立体裁剪手法在人台上开展工作（见第114~115页）可以为你带来有关造型与廓型的重要创意理念，在调研转化为设计的初期会用到这些理念。此外，还有另外两种方法也可以帮助你开启设计进程，就是在人体模板（见第113页）上进行拼贴练习和运用织物垂褶的照片进行蒙太奇处理（见第116~117页）。

编排纸张

可以在人体模板上使用略微透明的纸张进行快速地设计拓展，这样就可以轻易地描摹人体，并覆盖以其他的理念。这一过程中，不宜使用水性绘画颜料，因为这样的话，纸会皱起来。

▼▶ 学生的手稿图册表明了在与调研相关的人体上进行拼贴的效果。

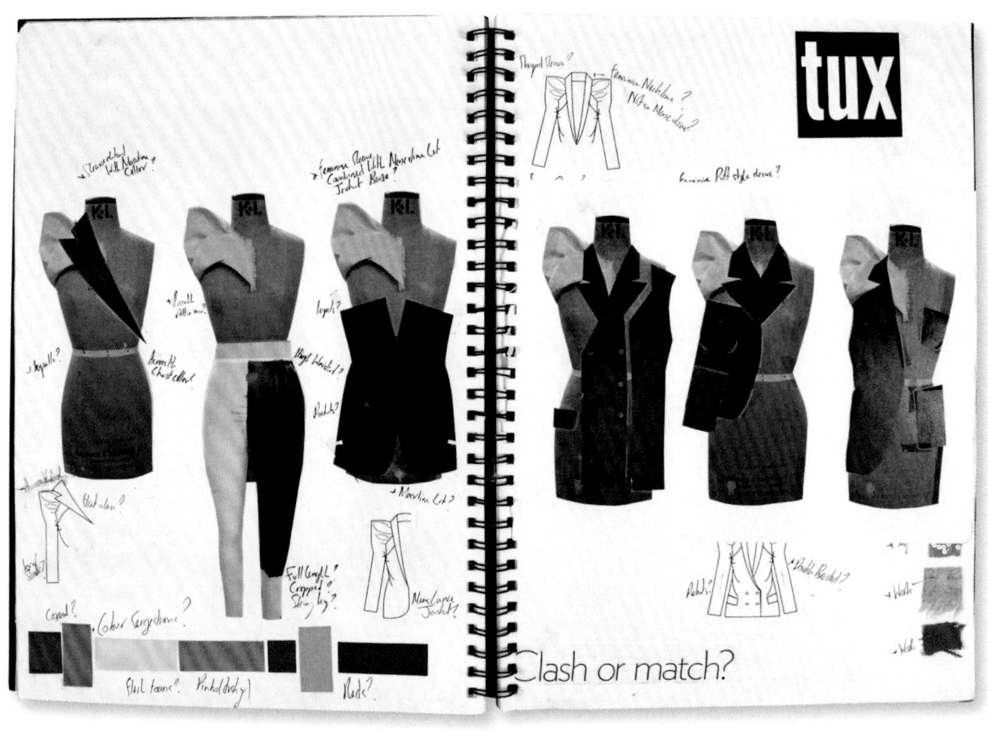

在人体模板上进行拼贴的调研

在将调研转化为设计创意的过程中，在人体模板上进行拼贴是一种非常快捷并且十分接近真实效果的方法，然而这种方法在企业中并不经常使用。但是对于初出茅庐的设计师来说，它是一种可以去尝试的理想技法。

你需要将调研资料的页面进行复制，可以借助于照片复制仪或扫描仪来完成这一阶段的工作。接下来，你需要将一系列的时装人体图形或人体模板（这在第五章已经讨论过）绘制到设计图纸（拷贝纸）上或直接画在手稿图册中。然后，你就可以把复制的调研资料以各种不同的角度剪切和拼贴在人体模板上。通过这一技法，你会发现一些图片的设计潜能。螺旋状的贝壳也许可以转化为一条裙子的造型，花卉树叶也可以转化为连衣裙。

这种技法需要你对人体上的固定支点予以考虑，建议可以从以下五个支点开始展开拼贴。

- 颈部
- 肩部
- 胸部
- 腰部
- 臀部

另外，手臂和腿部，也就是袖子和裤子，也应该作为设计拓展的支点考虑进来。

这种技法从本质上集中体现了基于人体进行造型和廓型设计的可能性，也有可能从中找到色彩、印花图案和肌理组织的灵感，这将取决于这一过程中所使用的调研图片。

在人台上造型和立体裁剪是指在人台上通过操作面料来生成纸样和服装造型的过程。在三维立体的人台上，将一块面料折叠、做褶、令其自然悬垂，可以使设计师实现更为复杂的造型和工艺，而这些造型和工艺通常很难通过以往看来比较简便的平面纸样制作方法来实现。运用面料进行立体裁剪并不需要借助于纸样就可以直接进行创作，当然你也可以选择将部分现有的备用纸样重新整合来进行设计。

在人台上进行立体裁剪

在设计阶段，运用面料进行立体裁剪是一种将调研阶段所积累的设计理念转化为实际的有效方法。对于服装设计理念的拓展来说，从激发灵感的事物中提取抽象的造型并在人台上探索潜在的造型变化，会比单一的绘画方式更富有表现力，它可以被理解为在人体上进行面料的雕塑。

在人台上进行立体裁剪也是一种有助于理解设计效果图与三维立体造型之间关系的技法。通常，我们很难想象一张平面效果图是如何转换到人体上的，所以在人台上做造型设计也有助于将创意理念更加清晰地展现出来。

当我们运用这些技法的时候，很重要的一点是要始终关注人体以及面料与人体之间的联系——体积与造型是很重要，但是更要注意造型是否会美化人体的自然轮廓。

体积

在有关时装设计的专业术语中，体积与服装面料的大量使用有关。拥有体积感的服装通常会远离人体的自然曲线，从而创造出新的轮廓。

把人台上所做的工作全部记录下来是很重要的，将设计理念画下来或者拍摄下来，以构成设计拓展初期的一个部分，并且使其成为手稿图册中有关设计方面的重要组成部分。

立体裁剪，从它的定义来看是与面料、抽褶及运动有关的，所以，对于织物的性能和特点有一个基本的了解是很有必要的。在造型设计和立体裁剪过程中，当你观察服装在人台上的视觉效果时，织物的品质、重量、结构和手感都起到了重要的作用。

“它比任何事物看起来都更像是工程设计。当你用面料包裹人体时，会暴露出所有可能的极限。所有一切都在发展变化着，没有一样是被严格定义的。”

——约翰·加里亚诺，摘自科林·麦克多威尔撰写的《加里亚诺》

▼威科特和拉尔夫，《结》，1998年春夏的设计。在这些图片中，你可以清楚地看到造型与立体裁剪技法如何为这条裙子带来灵感。出自格罗尼格博物馆（Groninger Museum）。

▶学生运用白坯布制作样衣进一步说明了在人台上进行抽褶的技法。

▲学生在手稿图册中探寻了造型与立体裁剪的技法，并且在初期的设计草图中有所发展。

运用立体裁剪的手法进行蒙太奇处理

运用立体裁剪的手法进行蒙太奇处理将会继续拓展你在人台上所做的三维立体试验。现在，这些三维立体试验的照片和效果图可以应用于手稿图册中的二维人体上。

你会再一次用到时装人体模板和设计图纸（拷贝纸）或手稿图册的画页。这一次，不是运用这些调研图片在人体模板上进行拼贴，而是要将在人台上所做的织物垂褶照片和效果图在人体图形上进行拼贴。试着围绕人体移动图片，并调整比例和位置。通过在相同的人体模板上重复使用同一图片，在人台上所获得的最初创意便可以转化成为更有深度的设计。

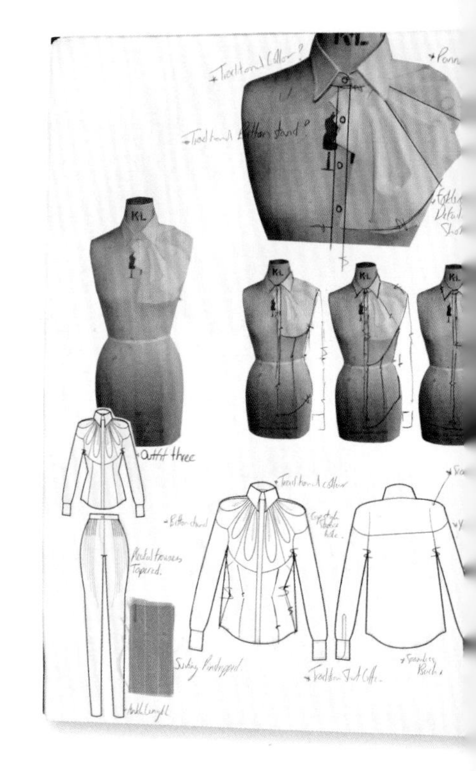

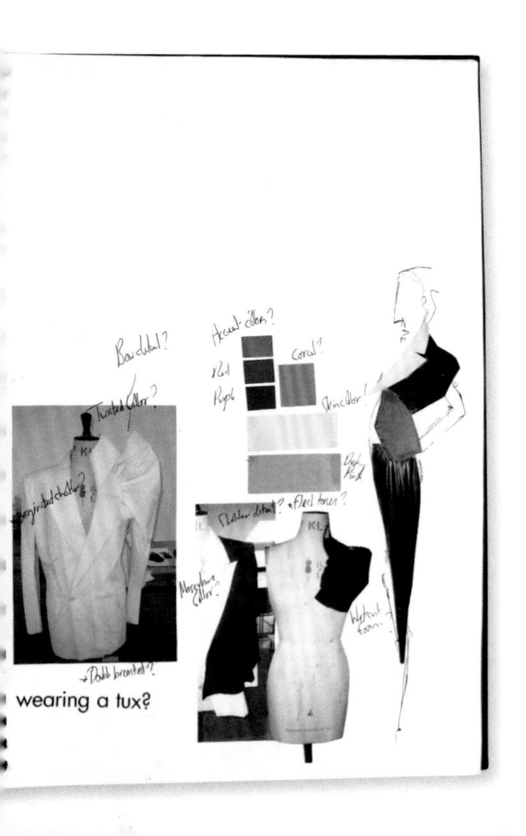

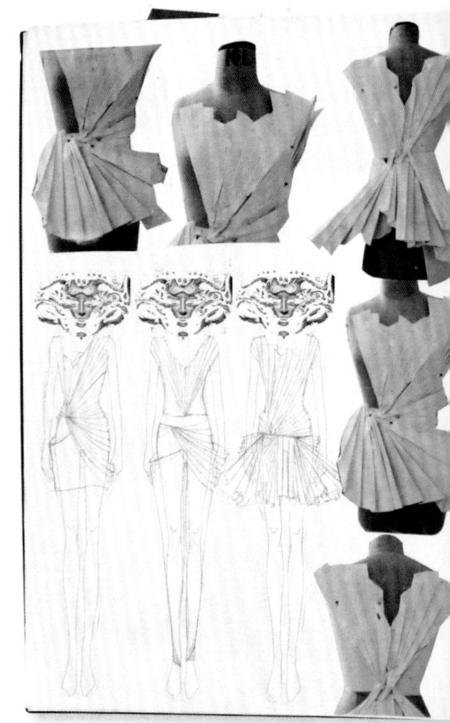

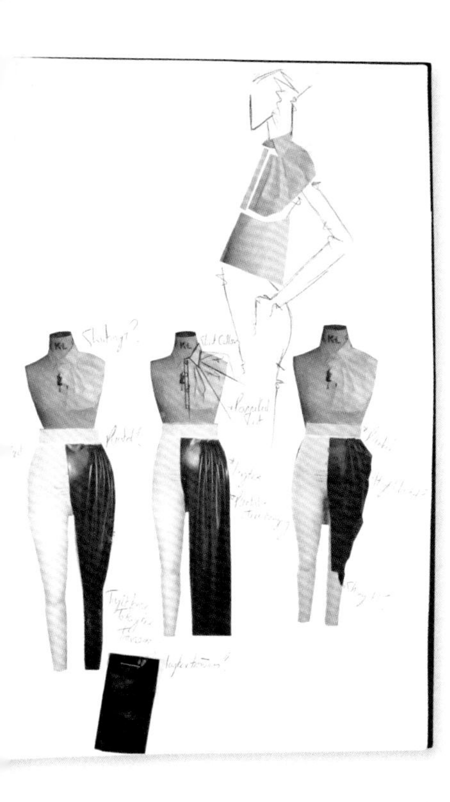

在以蒙太奇手法进行表现的人体的基础上进行绘画将会对设计产生进一步的深化作用，而且也会打开最终的成品设计的思路。针对这种表现技法，你同样也需要考虑相同的人体支点。

将调研资料以及人台上立体裁剪的照片进行拼贴，通过这两种技法拓展而来的服装，都需要借助于设计图纸（拷贝纸）或手稿图册画页来进行重新绘制与润色，进而转化为初期的设计创意。

现在，你应该看到首个设计创意已经接近于成功了，而且已经成功地跨越了从调研到设计的阶段。

◀▼◀ 学生的手稿图册探索了如何在进行造型练习的人台照片上绘制，以及蒙太奇技法。

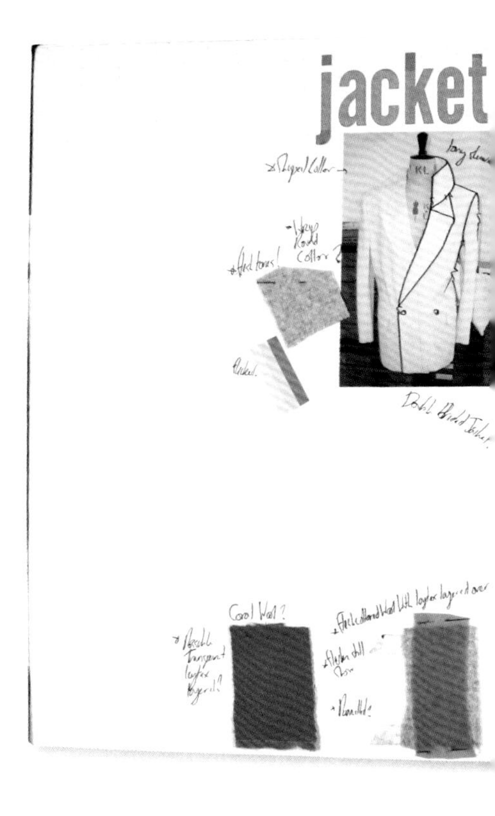

先前我们已经讨论过，对调研过程起到引领作用的是一组必要的元素或构成要素，你必须对它们予以考虑并收集相关信息。构成要素包括造型与结构、肌理组织与色彩、历史方面的影响等。

在将创意拓展为服装的造型和细节的过程中，织物特性的确定、色彩和印花图案的使用以及系列设计最终创作方向的选取都是必不可少的要素。

对于设计而言是有这样一个过程的，而且在对这些要素进行考虑时也会有一定的顺序。通过对它们一一进行探寻，你将会对系列设计有更多、更深入的理解。

设计要素

- 廓型
- 比例与线条
- 功能
- 细节
- 色彩
- 面料
- 印花图案与装饰手法
- 历史参考
- 时下潮流
- 时装的市场、档次与类型

廓型

一件服装的廓型，就是指当服装沿着T台进行展示时，观看者常常获得的第一印象及反应。廓型可以单纯地指服装围绕人体所塑造出来的外轮廓线或造型。

对于一个系列的拓展来说，廓型是至关重要的因素。它是指在一定距离之外，在服装的细节、面料或肌理被辨识出来之前所看到的事物。

与廓型密切相关的因素是体积感，服装造型的饱满程度，或充分或缺少，都可以在服装的样式和廓型中表现出来。一件服装可以通过使用衬垫、厚重或轻薄的面料来获得或轻或重的特性，它们会再次影响服装的廓型。

当对服装廓型进行设计时，我们要尝试从不同角度（360°）进行全方位的考虑，因为与第一眼的正视印象相比，其他角度的廓型也应该有明显的差异。

对于完整的设计进程来说，拓展和完善服装的廓型是非常重要的。因为它能够对系列设计起到统领作用，并且有助于创造出一致性。廓型的灵感应来自于调研的不同要素，尤其是造型与结构，或许是来源于历史上的服装廓型。观察你调研资料中的抽象造型并将它们应用于人体之上是基本的设计拓展的第一个阶段。

让·保罗·高缇耶（John Paul Gaultier）2010年秋冬的高级女装，展示了突出的肩部廓型。
摘自Catwalking.com

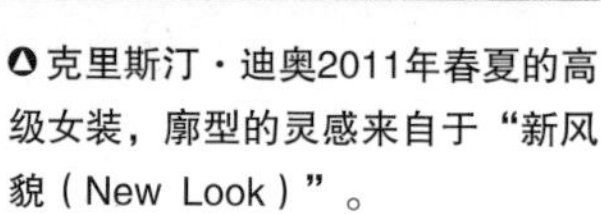

▲克里斯汀·迪奥2011年春夏的高级女装，廓型的灵感来自于“新风貌（New Look）”。
摘自Catwalking.com

▶迈克·柯尔斯（Michael Kors）2011年春夏的不对称斜裁丝质连衣裙。
摘自Catwalking.com

历史上的廓型

在服装的发展史中，曾经出现过许多令人瞩目而且常常是戏剧化的廓型。通过这些廓型你可以深入透视当时人们所向往的人体廓型的演变。在18世纪，通过穿用紧身胸衣、洒满香脂粉末的巨型假发和巨大的裙撑，人体沙漏造型的流行时尚被发展到了极致。法国宫廷女装以及最早的著名裁缝罗斯·博汀（Rose Bertin）和她的老顾客马提·安托内特（Marie Antoinette）成为这种时尚的缩影。在19世纪末期，维多利亚时期的人们又重拾这一廓型，运用紧身胸衣和带有巨大衬垫的裙撑来增加裙子的比例，并突出纤细的腰部。

第二次世界大战后的1947年，克里斯汀·迪奥以他的“新风貌”震惊了全世界。这一系列再次采用了被收紧的腰部和抽褶的饱满裙子，并且使用了更多的奢华面料，摆脱了战争时期的朴素时尚以及由此带来的限量配给。20世纪下半叶，服装下摆线被提高了，显露腿部的做法也被人们广泛接受；20世纪60年代的设计师玛丽·奎恩特创造了迷你裙，就像20世纪20年代的裙型那样，女性摒弃了沙漏廓型，将她们的头发剪短并将胸部压得扁平。

就在最近，像威科特和拉尔夫、川久保龄和盖尔斯·普赫（Gareth Pugh）等设计师在他们所创造的廓型中尝试了体量与比例的运用，它们常常会背离传统美学所推崇的身体造型。他们的作品更多地与雕塑甚至是建筑造型相关联。

比例与线条

服装比例指人体既可以通过线条进行分割——水平线、垂直线或者曲线，也可以通过色彩或织物纹样的块面进行分割。这些元素的组合能够创造出无穷无尽、各不相同的分割的可能性。

通过领口线、腰线、下摆线的改变，你可以看到人体比例的变化，而且人体比例也常常是顾客对自身比例进行判断的依据，由此找到适合自己体态的服装类型。

服装的线条通常与服装的裁剪及其缝线和省道的位置相关。这些能够创造出有趣的视觉效果，如拉长人体比例或赋予细腰的视觉错觉。18世纪末期的帝国样式就将腰线提升至胸下从而显现出了人体被拉长的错觉。

斜裁

这是指沿着布边45° 角裁剪或悬垂一块织物，而水平的或垂直的织物纱线可以被称为直丝缕。

基本法则

1. 垂直线条倾向于使人体变得修长。
2. 水平线条倾向于使人体变宽。
3. 曲线或斜裁的线条能够创造出更具流线感和女性化的风貌。
4. 直线倾向于更具阳刚之气和结构感。
5. 缝线和省道没有标准的位置，可以围绕人体进行改变。

▲2011年秋冬博柏利品牌的经典风衣，主皮升级为植皮羊绒材质。
摘自Catwalking.com

功能

服装功能是指它是什么：一条连衣裙、一条半身裙、一条裤子，又或许是一件夹克。你所要做的设计任务书常常会提供指引，即在设计过程的最终阶段期望获得的事物，因此明确服装品类是非常重要的。

功能性也可能指满足一定穿着目的或特殊需求的服装。例如，运动服企业生产的服装将要考虑其性能、面料品质以及穿上它们所做的运动类型。在设计阶段，了解你所设计的服装类型及其穿着目的是非常重要的。

需要考虑的细节因素

- 明缉线和不同的缝合方法；
- 紧固材料、拉链、纽扣、挂钩、纽孔、系带、皮带、尼龙搭扣、按扣；
- 领子、驳头和袖克夫的样式；
- 过肩（育克）的造型；
- 袖子的造型；
- 连衣裙的吊带与领围线；
- 口袋样式；
- 腰带；
- 缝份、滚边、包缝（法式接缝）、嵌条的整理。

细节

每件服装都可以拥有美妙的廓型和线条，然而只有细节设计才能定义这件服装并使它与其他设计师的作品明确区分开来。细节设计是指那些常常可以决定销路的因素。因为顾客会非常仔细地检查服装，他们看到的不只是服装的造型和裁剪，而是更多，如有趣的紧固材料、明缉线，又或是与众不同的口袋、领子样式和腰带等。所有这些要素都是设计进程中需要考虑的，它们将使系列中相似款式的设计获得更加微妙的变化和延伸。

男装设计中常常会用到巧妙的细节设计，并且应用广泛，因为夸张的廓型和醒目的面料所创造的富有新意和创造力的设计很少会应用于大多数保守型的顾客。

为了探索细节设计的创意理念，你可以做这样的练习：画出六件相同的衬衫基本款，然后探寻不同细节设计的可能性，这样就可以获得六款不同的衬衫。

◀ 功能化的细节被运用到服装的设计与结构中，亚力山大·麦昆（Alexander McQueen）2011年秋冬系列。
摘自Catwalking.com

▲普拉达的连衣裙探索了色彩的运用，2011年春夏系列。
摘自Catwalking.com

色彩

在设计过程中，色彩是一个需要考虑的基本问题。它常常是设计中引人注目的首要因素，并且影响到服装或系列设计被感知的程度。色彩往往是一个系列设计和设计过程的起点。为一个系列选择色彩或色彩的基调是必须最先作出的决定之一，因为它将会表达出所做设计的情绪基调或季节倾向。因此，了解色彩的基本理论以及色彩产生与调配的原理是很重要的。

尽管了解色彩知识非常重要，但是大多数设计师都不会依据色彩理论来确定色彩基调或色彩方案。

在掌握色彩基本理论以及色彩混合的知识以后（见对页中的练习），非常重要的一点就是你要仔细考虑从灵感来源的原始素材中获取色彩基调。在将设计锁定于一组色彩之前，最好先运用不同的色彩组合来探索各种各样的创意。

从色相环展开设计

色相环

色相环中共有12个色块，它们是：

原色
指红色、黄色和蓝色，它们不可以由其他色彩混合而成。

间色
指橙色、绿色和紫色，它们都是由两种原色混合而成的。

复色
指橘红色、橘黄色、黄绿色、蓝绿色、蓝紫色和红紫色。

一旦你将它们组合起来就会形成一个圆或圆环，因为它们会彼此相互作用。

其他用于描述色彩的专业术语列出如下：

浅色
混合了白色的纯色，如红色和白色可以混合成粉红色。

深色
混合了黑色的纯色，如蓝色和黑色可以混合成深蓝色（海军蓝）。

色泽
描述色彩表面质地的术语。

色调
描述色彩明暗的通用术语。

色相
描述色彩在色相环上的位置。

互补色
色相环上处于相对位置上的一对色彩，如红色和绿色、蓝色和橘黄色、黄色和紫色为互补色。

类似色
色相环上相邻近的、具有相同色彩倾向的色彩，如蓝色和紫色、紫色和紫红色为类似色。

色相环练习可以帮助你了解色彩混合的基础知识，需要配合水彩或水粉颜料、水、调色盘和细的笔刷使用。

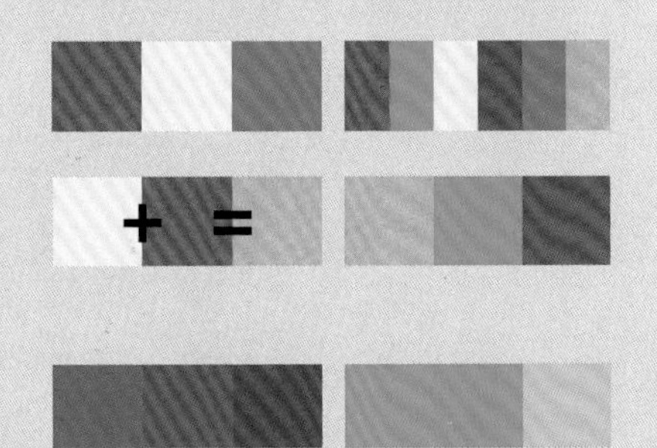

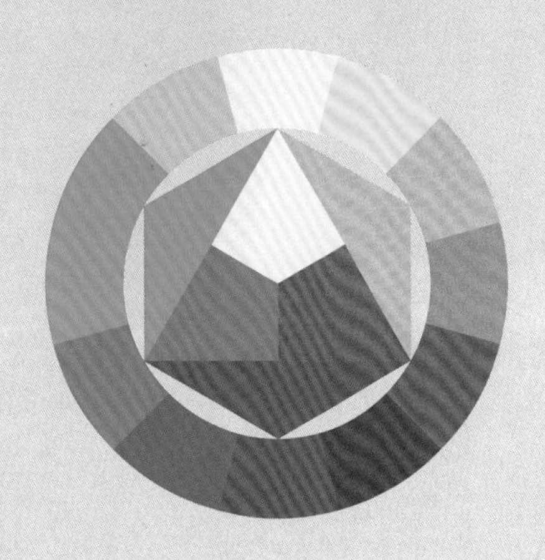

▲ 原色和间色的图例。

▲▲ 类似色的图例。

▲▲▲ 色相环的图例。

▲学生手稿图册中的画页展示了对于着色图片的分析。

▶米索尼2011年春夏的针织服装展示了色彩与图案的大胆运用。
摘自Catwalking.com

◀曼尼什·阿罗拉（Manish Arora）2011年秋冬的设计展示了色彩与图案的对比运用。
摘自Catwalking.com

面料

对于一件服装来说，面料的选择常常是成功设计的必要因素。它包含了服装设计的视觉和感官的双重要素。面料的重量和手感将决定服装在人体上的悬垂方式。设计师常常会在设计服装之前选择面料，从面料的外观效果、感觉和手感中获得灵感。正如前面讨论过的那样，在调研阶段已经搜集了有趣的肌理组织与面料小样，现在就可以在系列或服装的拓展设计中运用它们。

值得注意的是，服装的廓型常常会受到所使用面料及其特性的影响，如一件真丝的针织衫会自然地悬垂并且可以围绕着人体飘动，然而一件全毛的针织衫将会更具结构感并且能够创造出更多的体量感和造型感。

面料的选择事关服装的功能性和外观风貌，换句话说，就是指它是否会与所需的使用目的相吻合。例如，斜纹布因其坚牢耐磨的特性而被运用于牛仔装和工作服中，而带有特氟纶涂层的棉织物则常会用来制作防雨的运动服装。

面料常常会对所做设计的季节性产生影响，因为较厚重的面料被更多地运用于秋冬季节的服装，而较为轻薄的面料则被更多地运用于春夏季节的服装。

面料也会因其外在的美观特性而被选用，也就是说设计师会看重面料的外观效果以及面料如何通过印花图案、肌理感觉、装饰手法来达到设计目的。

当在设计过程中运用面料时，搜集多种不同特性、克重和类型的面料的原始素材是非常重要的，这样可以使你的创作思路不会受限于所设计的服装。

◐◐ 亚力山大·麦昆2011年春夏的服装系列创造性地运用了数码印花的真丝面料制成。

摘自Catwalking.com

◐ 一本学生的手稿图册展示了一系列的面料小样。

“一件服装的面料选择对于其成败而言，是至关重要的……面料选择也事关服装的功能性和外观风貌，换句话说，就是指它是否会与其使用目的相吻合。”

马丁·玛吉拉（Martin　Margiela）2010年秋冬高级女装，运用戏剧化的手法表现皮草。
摘自Catwalking.com

学生的情绪板展示了多种不同特性的面料小样。

面料

纤维

纤维或纱线是织造织物时所使用的原材料，它可以分为三大主要类别：动物纤维（蛋白质纤维）、植物纤维（纤维素纤维）和矿物纤维（合成纤维）。而后，纤维或纱线就可以通过机织或是针织的方式织造在一起来创造出织物。

纤维素纤维

棉花是一个有关植物纤维或纤维素纤维的很好的例子。柔软的“棉花糖”般的纤维围绕着植株的种子生长，而后经过采集、梳理和纺纱等工序就变成了可用于织造织物的原材料。它用途广泛，可以用于机织和针织制造，并且可以加工成不同的重量，如斜纹布和巴厘纱。它具有天然的透气性和吸湿性，这一点使它成为炎热的气候或夏季里很好的选择。

◀ 伦敦波多贝罗面料市场的排位。

蛋白质纤维

蛋白质是所有生命细胞的基本组成成分，“角蛋白”则来自于毛发纤维并且是纺织产品中使用最广泛的纤维种类之一。

绵羊和山羊是动物毛的最大供给者，动物毛是用来生产毛织物的原材料。羊毛纤维具有优良的保暖性和少许的弹性，它可以通过机织或针织来织成面料。因其来自天然，所以毛纤维具有良好的透气性而且结实耐用，它还可以被处理加工成不同重量的面料，如精纺西服面料或用于针织服装的起绒马海毛或安哥拉毛。

蚕丝同样也是一种来自于动物（蚕）的纤维。它是从蚕茧中收集而来的，蚕茧是蚕为了保护自己而用连续不断的丝缠裹而成的。正是由于蚕丝的生产方式特殊，丝绸已经成为一种与财富和力量密切相关的材料。蚕丝纤维给织物赋以光泽，而且可以被织造成不同的重量和不同的后整理效果。

人造纤维和合成纤维

这些纤维表现为两种形式——纤维素纤维和非纤维素纤维。纤维素纤维是指通过从植物或树木中提取纤维素并加工而成的纤维，可以生成诸如人造丝、天丝和醋酯纤维这样的纤维。

非纤维素纤维则完全是由化学物质合成的，而且不包含天然纤维。这就是我们所熟知的合成纤维，如氨纶、锦纶和涤纶。这些纤维使织物坚牢耐用并具有伸缩性和拒水性，它通常应用于制作运动服装。

它们也许最适合与天然纤维混纺在一起，如将聚合棉纤维、氨纶和毛纤维混纺在一起。

机织物

机织物是由垂直排列的纱线（经纱）和横向排列的纱线（纬纱）呈90° 直角交织而成的。这种织物的松紧度和重量取决于每厘米纱线的数目以及纱线的支数。

针织物

针织物由相互串套的纱线线圈构成：横向线圈称为横列，竖向线圈称为纵行。针织物的弹性使得织物具有良好的拉伸性能和悬垂感。

非织造织物

这类织物是由黏合与毡缩工艺加工而成。通过使用热、压缩、摩擦和化学试剂等方式，就可以制成不脱散、拒水、不易撕破和可循环使用的织物。尽管皮革和毛皮不是人造的，但是也可以归类于非织造织物。

其他织物

这些织物不能归类于上述各类织物中，而且基本上都是靠手工工艺制作完成的，如蕾丝、流苏花边和钩编织物。

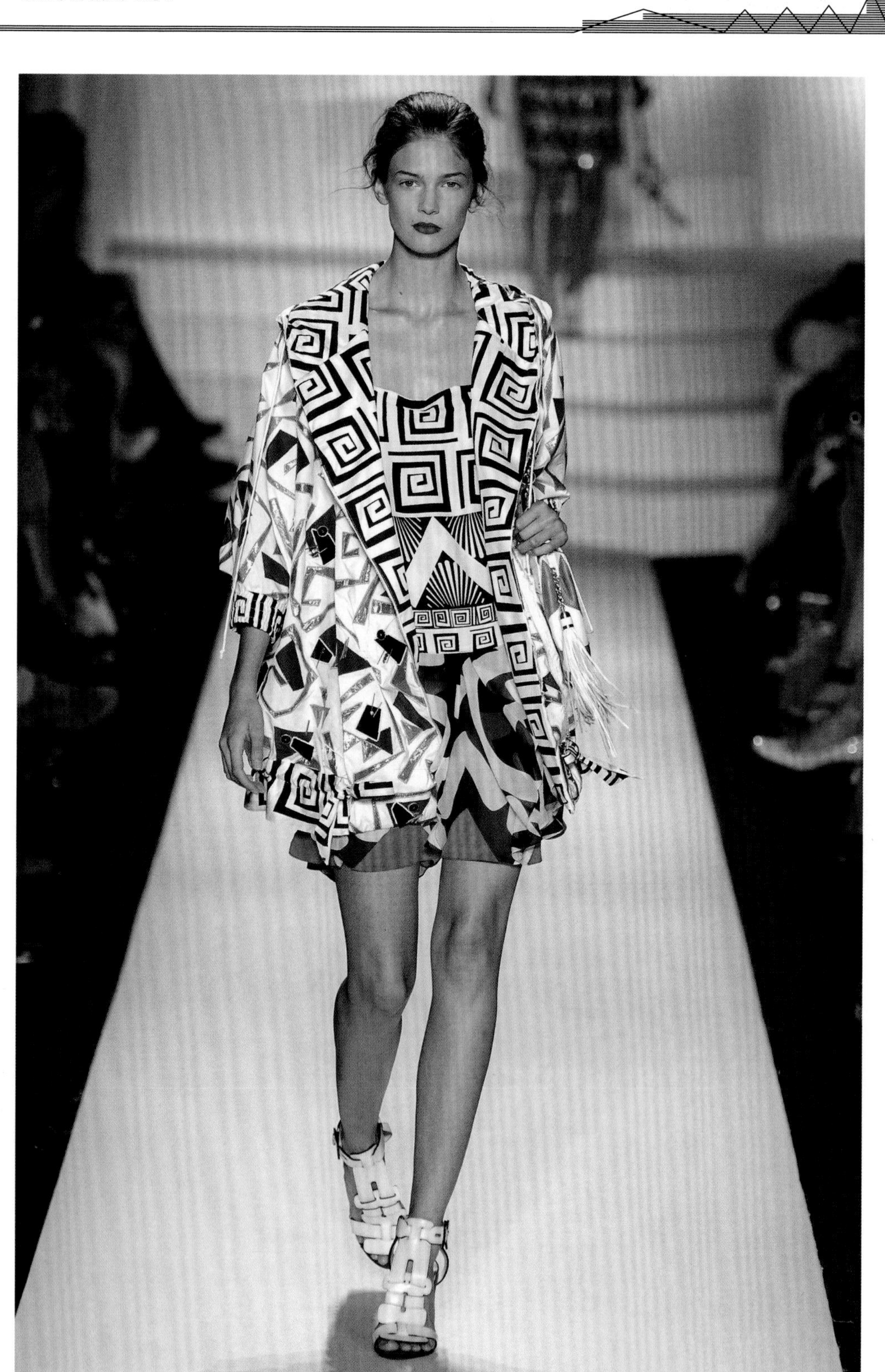

印花图案与装饰手法

在单件服装或整个系列的拓展设计中，印花都是一个基本的考虑要素。印花常常表明了设计师所感受到的色彩基调、主题以及风格等。试想一下，如果以结构主义艺术和装饰艺术的图案为灵感进行系列设计，它们将如何为所设计服装的色彩和图案赋予活力。

印花是遍布于服装之上、循环出现的图案，它可以是单独纹样，需要经过深思熟虑才能在服装上确定位置，或者是与服装裁片形状相适应的适合纹样。数字印花方面的新工艺使得巴索和布鲁克、阿诗思（Ashish）和萨拉·阿奈特等设计师在其系列设计中充分运用数字印花技术成为可能，这也已经成为显现其设计特色的独特卖点。如果想在时尚行业中有突出表现的话，这是一个需要充分考虑的因素。

在第一章中我们已经讨论了不同类型面料的装饰手法，如贴花、缩缝、珠饰和刺绣。装饰的优点在于它们使面料更富有立体感和装饰效果，而且对于在服装中塑造造型或体积感同样有所帮助。在灵感来源阶段，你所收集的调研资料也许已经探寻了这种技法的实现潜力，如18世纪初的缩缝和刺绣细节，或非洲的珠绣。

▶玛丽·卡特兰佐（Mary Katrantzou）2011年春夏的服装灵感来源于摄政时期的室内装饰。
摘自Catwalking.com

◀纪梵希2010年秋冬的高级女装展示了珠绣工艺及表面装饰手法。
摘自Catwalking.com

◀◀黛安·凡·弗斯登伯格（Diane Von Furstenberg）2011年春夏的设计说明了民俗和几何印花图案的融合运用。
摘自Catwalking.com

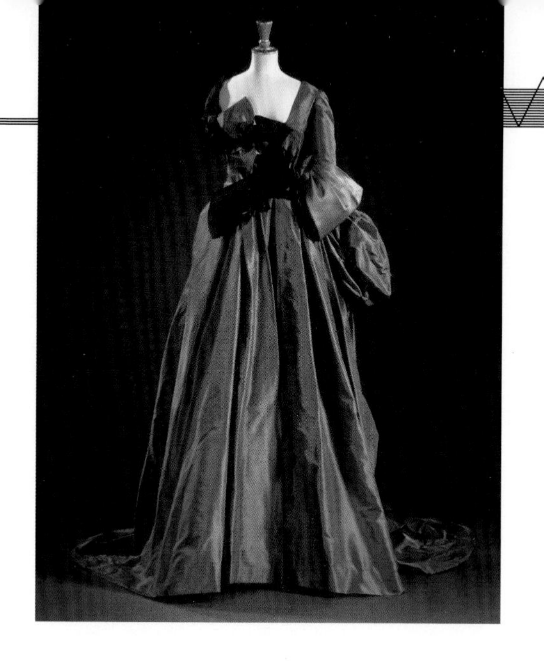

历史参考

服装的历史丰富多彩，因此许多设计师都会从过去的服装样式或者其他国家的服装文化中寻求灵感。我们已经探讨了深谙服装历史的重要性，以及了解了它如何为你提供可用到创意中的、宝贵的深入观察和设计细节（见第26~27页）。

运用调研阶段采集到的、与历史上的服装样式乃至老式服装密切相关的信息资料，你会从中大有收获，如观察历史上的服装廓型、结构细节、比例与线条、面料、印花与装饰等。现在，你应该在单件服装的设计中考虑所有这些设计元素，这样就能够从你所研究的服装史的相关内容中拓展出一个系列。

维维安·韦斯特伍德的许多系列设计就直接运用了历史上的服装廓型、造型和印花等相关的参考信息；其中非常著名的设计是那些基于华莱士精品博物馆（Wallace Collection）的珍贵藏品和18世纪法国贵族服饰所做的设计。她还从反映那个时期的服装特色的油画中寻找灵感，尤其是把艺术家华多（Watteau）和他所描绘的妇女形象作为灵感来源。也许在这里还必须给出一个忠告，考察历史及不同文化背景中的服装款式与服饰固然重要，但这并不意味着你只能对它做简单的重复，因为这样会更多地转向剧装设计而不是时装设计。

要记住，时装设计是指对一定时期或一个国家的原始资料的选择取用以及将它们整合成为全新的设计，这其中也许会掺入一些你所做调研的其他参考资料，如对比例、位置、面料的使用，还有对服装的性别属性进行重新调整。

当代潮流

通过时尚预测机构、全球及社会审美趣味以及来自街头时尚的“升腾效应”，我们已经看到关注当代潮流的重要性。你所收集的调研资料也许恰好包含了这类信息中的部分内容，作为设计师非常重要的是要敏锐把握身边即将发生的事件以及它对你的设计和你为之设计的最终顾客将会带来怎样的影响。

围绕设计，运用流行资讯中的某些元素，将会为设计中的一些要素提供很好的起点，如色彩、面料或者功能。

◀ 由英国设计师维维安·韦斯特伍德在1996年设计的华多风貌的晚礼服，这是一件以华多的绘画为灵感的高级女装设计。
摘自维多利亚与艾尔伯特博物馆馆藏图片集/维多利亚与艾尔伯特博物馆

▼▶ 由萨拉·曼斯菲尔德（Sarah Mansfield）拍摄的街头风貌选片（右图、下图）。

▼▼ 由保罗·哈奈特（Paul Hartnett）拍摄的街头风貌选片。保罗·哈奈特是一位英国摄影师，从20世纪70年代开始一直记录着街头和俱乐部样式。
© 哈奈特先生（Mr Hartnett）/PYMCA

作为一名时装设计师，至关重要的一点是要关注目标市场，并在多元化和多种线路并存的时尚行业中找到自己的定位。对于设计师的成长来说，找到适合自己的市场定位是非常重要的。因此，为了成为一名更为成功的设计师，你应该去了解时装市场的不同层次和类型。

就服装的设计与生产而言，基本上可以划分为两大主要的类别，即高级定制女装（Haute Couture,法语中对"高级定制服装"的叫法）与高级成衣［Prêt-à-porter，法语中对"成衣"（Ready-to-wear）的叫法］。但是，近些年来，随着时尚行业的发展，这些分类已经被进一步细分为一系列更为专业化和目标群体更准确的市场。

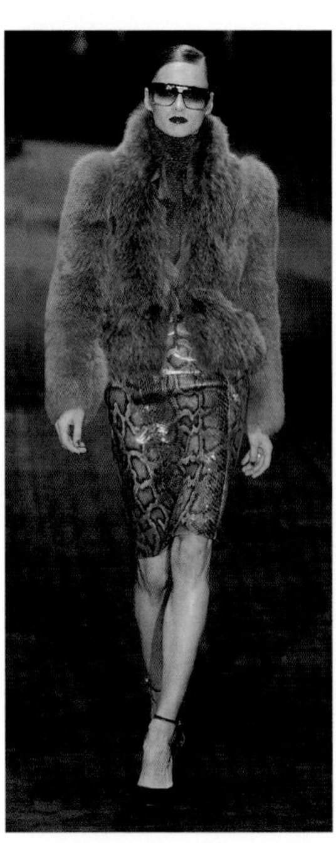

克里斯汀·迪奥2011年春夏的极尽奢华的高级女装系列设计部分作品。
摘自Catwalking.com

马克·雅克布斯2011年秋冬高级成衣系列设计示例。
摘自Catwalking.com

古驰（Gucci）2011年秋冬的这套服装散发着浓厚的奢华气息。
摘自Catwalking.com

高级女装

高级女装是一种服装设计与制作的传统形式，它不仅在过去为法国巴黎所独享，且依然延续至今。巴黎每年会举行两次高级时装秀，分别在1月和7月。他们会把由高级女装屋生产出来的顶级时尚的、独家定制的、最昂贵的，同时也是最具创造力和创新性的设计置于陈列柜中，从而展示给买手和专门应邀前来的顾客。

时尚行业成就了大量具有非凡天资与技艺的手工艺匠人，从蕾丝制作、珠绣和刺绣的行家们到具有极高技能的板师和裁缝。一些极负盛名的高级女装屋仍然在为克里斯汀·迪奥、纪梵希、克里斯汀·拉克鲁瓦、让·保罗·戈蒂埃、伊夫·圣·洛朗和范思哲等名牌生产着高级女装。

尽管现在全世界只有极少数人能够消费得起高级女装，但是它在时尚行业中仍具有举足轻重的地位，因为它几乎不受成本与创意的约束。在以简化的形式运用于高级成衣之前，高级女装发布会往往会首度公开展出这些创意理念和令人神往的理想形象。

高级成衣

时尚购买群体中的大多数人都无力消费高级女装，因此时尚行业发展出了另一个被称作“高级成衣”的时尚消费层次。这类服装的制作仍然保持非常高的标准，但是却拥有一套适合更多消费者的统一号型。它们仍然具有很强烈的设计感和创新性以及完美的面料和细节设计。现在有很多公司在全世界范围内进行着此种消费层面的服装设计、加工和系列展示。与高级女装不同，全世界不同的时尚之都举行的一年两次的高级成衣秀中会有更多的机会来发布你的系列设计，如米兰、伦敦、纽约、东京，当然还有巴黎。

奢侈的超级大牌

奢侈的超级大牌是指那些拥有巨额广告预算的庞大的全球性公司，并且常常是指那些大型企业中的一部分品牌，他们遍及自己的销售门店来推广和设计具有极宽的市场覆盖面的产品，如化妆品、香水、饰品、室内陈设品。他们发布的高级成衣系列设计仅仅是为他们带来巨额销量的附加产品的起点。

在超级大牌的层面中有两个主要的竞争对手，LVMH（Louis Vuitton Moët Hennessy）与古驰（Gucci）集团，他们拥有诸如迪奥、瑟琳（Celine）、纪梵希、高田贤三（Kenzo）、亚历山大·麦昆、斯黛拉·迈卡特尼（Stella McCartney）、马克·雅克布斯、巴伦夏加、鲍蒂格·温纳特（Bottega Veneta）、唐纳·卡伦（Donna Karan）、路易·威登和古驰这样的设计师品牌。

中档品牌与设计师

中档品牌或设计师是指那些基于良好销售业绩和高额利润建立起来的公司，但是没有超级大牌所拥有的强大势力。这些品牌常常会通过独立的设计门店或时装屋、百货公司以及遍布全球的特许加盟店来售卖他们的产品，他们也可以拥有自己的专营店。中档层面的设计师通常会做一场时装发布会，并运用这场发布会来向买手和媒体推广他们的系列设计。现在有这样的潮流，中档层面的设计师会和低端零售品牌合作，基于他们自己的系列设计来创作出专有线路的产品，如朱利恩·麦克唐纳、马修·威廉姆斯（Matthew Williamson）和约翰·罗查（John Rocha）。

自由设计师品牌（独立设计师品牌）

自由设计师会与一个小的设计团队共同工作来生产系列服装。他们对设计、打样、生产、推广和销售进行整体的控制。业务的规模大小决定了公司内部所需处理的设计任务的数量。自由设计师品牌将会以批发的形式售卖给独立的时装屋，并在商业展会期间进行展示，也有可能会进行T台展示。

休闲装与运动装品牌

正如高级成衣设计师市场一样，在运动装和休闲装设计领域也有一些超级大牌，如耐克（Nike）、锐步（Reebok）和利维·斯特劳斯（Levi Strauss），其设计更加注重时尚感。

这些超级大牌可以操控巨大的全球化市场，并会真切地影响到人们生活的每一步。耐克的标志已经成为全球范围内最易识别的符号之一，它不仅与运动装有关，而且代表着一种生活方式。这其中也有一些中档的设计品牌，如狄塞尔、伊维苏（Evisu）和吉·斯达尔（G-Star）。

低端零售品牌（高街品牌）

低端零售品牌已经成为时装设计产业中成长最为快速而且拥有最为多元化市场的一类服装品牌。由于公司设计、生产和品质研发系统的建立，他们能够对T台上的流行趋势作出快速反应。由于低端零售品牌的产量较大，因此能够以比设计师品牌低得多的价格售出服装。

英国的低端零售品牌是世界上最具引导性的服装品牌之一，对于很多富人和名人来说，像托普少普（TopShop）和H＆M这样的店铺甚至已经成为他们最喜爱的去处。同样，像德本汉姆斯——一个大型的低端零售店，正在聘请像朱利恩·麦克唐纳和马修·威廉姆斯这样的设计师为他们生产专有线路的产品，这样，低端零售品牌就可以提供含有著名设计师名字的设计产品。

设计师奥斯瓦尔德·博腾（Oswald Boateng）2011年春夏的完整版男装系列设计。
摘自Catwalking.com

“男人的时装起源于运动装，而后逐渐发展成为重大场合中的正式着装。起源于猎装外套的西装正在完成这样一个进程，而田径服则刚刚开启这样一个进程。”

——安格斯·麦克吉尔（Angus McGill），《国家地理时尚》，资深记者凯西·纽曼（Cathy Newman）

时装的分类

作为一名设计师，你必须考虑以下三大类服装：

1.女装；

2.男装；

3.童装。

女装

女装市场更趋向于多元化和潮流指向性，因为在任何一季里，女性总是比男性更愿意购买服装。女装设计允许你在款式和面料上显示出更多的创造力，并使它看上去更富有魅力。出于这个原因，它会相当依赖设计师和超级大牌，而且，作为一名设计师，你很难基于这样的市场来发现自己的目标市场或顾客群。但是，也正是由于存在这种多样性和市场巨大的特点，你会更有可能找到工作机会。

男装

男装市场更趋于保守，虽然有凸显季节性的产品线路，但是其变化还是很细微的。总体来说，男性不会像女性那样购买许多流行款式，而是会在自己的衣橱里保留一些更为经典的单品。总而言之，这类服装的销量会比女装稍微逊色一些。

童装

童装设计可以和其他两类服装一样具有趣味性，并且常常会追随与主线产品相近的流行趋势。像克里斯汀·迪奥和范思哲这样的设计师品牌都拥有童装线路。与其他类别的服装相比，童装具有更多的制约因素。例如，对于新生儿和初学走路的幼儿，就要更多地考虑诸如健康与安全以及功能性等因素。

设计拓展1

在前面的论述中你已经看到，把调研元素从文字的角度转译到人体图形上对于头脑风暴阶段的初期创意生成是有所帮助的。现在这里向你展示的练习是如何从这些拼贴图中获取尽可能多的设计点，以及如何展开设计拓展，或者系列拓展的进程。

在先前的练习中，你所做的拼贴图主要是从服装造型的角度来进行创意拓展的，而且也许会在人体上探索十分抽象的造型。现在，我们需要考虑的是如何通过添加其他元素来从最初的拼贴图拓展出一系列相关的创意。

你需要把设计拓展得像发展家谱图（A Family Tree）那样来进行考虑，所有的设计理念都始于少数的关键创意点，通过添加和混合其他的参考因素，合理运用比例与线条、面料、印花图案与功能等设计元素，那么一个既有相似性又具有不同点的系列便由此诞生了。

从先前的头脑风暴法练习中选取3张拼贴图用在人体图形上，为了便于讲解分别将它们标为A、B、C。

拿出一张拼贴图，并根据拼贴图进行3种不同的设计变化，如可以添加色彩、改变领口造型、添加口袋、改变服装功能或种类等，这样就可以产生以下3组创意：（A×3）、（B×3）、（C×3）。

然后开始从这些具有相似特质的新的创意理念中交相混合，并且观察每一组中最好的元素是如何对其他组的元素带来影响的：（AB×3）、（BC×3）。

而后，将它们再次进行混合为（ABC×3）。

这样，从最初的3张拼贴创意的人体图形，你可以画出18种更为深入的设计创意，并且所有这些设计彼此之间都存在着一种关联性或相似性。这也正是设计拓展或系列拓展的关键所在。提取一系列已知的设计元素并把它们进行混合，就可以创作出一个新系列的服装。

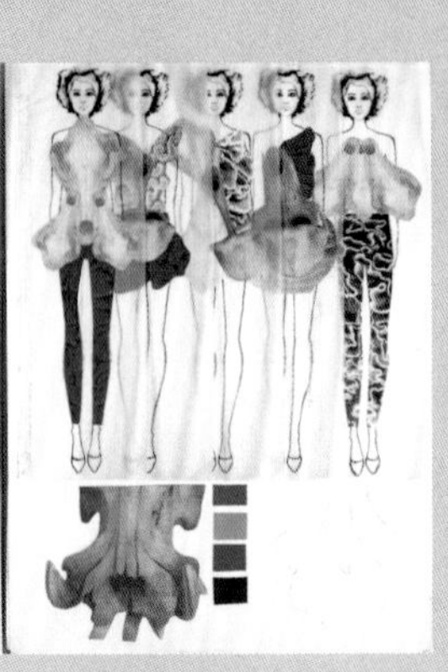

◀ 学生的拼贴图被拓展为设计草图。

设计拓展的基本思路已经解释清楚了，现在把你先前绘制的草图逐步完善并发展成为特定品类的服装就显得十分重要了。拼贴图和家谱图的创意将会探索出设计元素的不同组合方案，并有望为你带来一系列最初的设计。

完善系列设计

能够赋予作品吸引力的关键要素在于强烈的廓型或线条感觉，抑或是一种色彩基调或印花图案。在对系列进行拓展和进一步完善时，这些组成因素将会保持不变。

接下来的阶段所要实现的是，将不同的服装品类分离出来，如夹克、西装、连衣裙、半身裙、裤子、衬衫以及外套等，并且开始在这些特定品类的服装上进行设计变化，因为一个具有强烈冲击力的系列应该包含所有品类的服装。

设计师通常会在整个系列中保持廓型和色彩的一致，但是通过改变服装的品类、面料、在细节中运用印花图案和微妙的变化等设计方法，就能够在品牌线路中创造出更多配套服装。

◀ 学生的手稿图册展示了一个系列的色系选取。

设计拓展 2

从以前画好的效果图中，确定一种服装品类，如一条连衣裙。

将这种服装提取出来，并再次运用设计元素尽可能多地进行设计变化，进而有助于设计拓展的进程。可以考虑改变领子、袖子、口袋、下摆线、紧固件、缝缉线、面料的选用、比例与线条、装饰手法以及图案等。

切记要保持对原创理念的真实体现，这一点会反映在运用初期拼贴图在人体图形建立的廓型上。

你应该能够基于这种服装品类获得10~20款不同的款式变化，而如果将这种方法应用于其他所有的服装品类上，你就可以很容易地根据一系列的设计拓展创作出上百种变化。

学生的手稿图册展示了设计拓展与提炼。

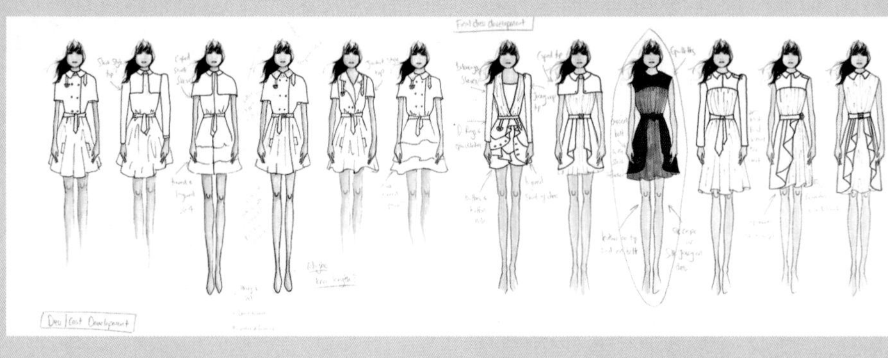

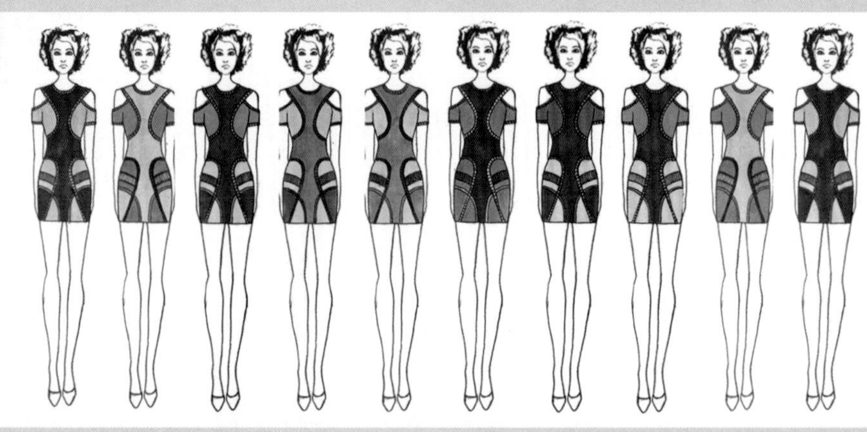

到目前这个阶段，你应该对设计有一个清晰的认识了。你所运用的关键要素应该清楚可见并且已经过充分的探究。通过拓展与完善进程，色彩、印花图案、面料、款式、品类等所有这些因素都会逐渐明确并得到充分考虑。

一名出色的设计师将会设计出上百张具有多种变化和微妙细节设计的手稿，然后，会筛选出最强有力的设计并把它们继续推演成为最后的系列。这样的拓展进程对系列设计的成功把握来说十分重要，因为你必须修改你的设计以创作出一个具有良好的连贯性、平衡感和协调感的系列。

一字排开的学生的最终系列设计。

统一系列设计

统一系列设计首先需要明确的因素是系列中的关键单品，如连衣裙、半身裙、西装、夹克上衣、外套、短裤、长裤等。尽管系列中所期待的服装品类将由季节性所决定，但你仍应该尝试从一开始就为这些品类中的每一种品类建立起一个单品款型。例如，你一般不会在秋冬季的时装发布会上看到泳装。

从这些关键单品开始，你需要在其上添加其他重要的设计理念，如相同的夹克或连衣裙款型，但却可以使用几种不同的面料来完成设计。印花图案常常会对系列设计起到重要的统一作用，并且通常会体现在几种典型的品类中，如连衣裙、半身裙或宽松衬衣。

廓型的把握对于一个系列的统一协调是至关重要的，而且可以体现在许多不同的服装品类中。当然，设计细节同样影响着系列设计的统一。所有这些元素都将通过最后的修改获得流畅的主题表达，并且对系列设计最终风貌的确立有所帮助。

在一个系列当中究竟需要多少款单品服装或整套服装呢？这取决于设计公司规模的大小或预算的多少。由于设计进程的下一个阶段就是制板、打样和加工，这些过程均需有巨大的成本预算。不仅如此，一个独立的品牌在任何一季中一般只会拥有设计20套服装的原料。当然也有例外，古驰或迪奥在他们的发布会上则可以展出80～100套服装，原因是这些品牌拥有雄厚的资金和较强的生产能力来支撑这个数字。作为一名新设计师，其作品更多是展现在学术交流中，因此以设计制作8～10套的系列设计居多。

WGSN

WGSN是在线流行资讯分析和服装调研的领先机构，为服装、造型、设计和零售企业提供创意和商业情报。

WGSN拥有300名的编辑和设计人员团队，以其显著的业内经验，往来穿梭于全球各地，传递真知灼见和具有创造力的灵感、实时零售报道、季节性流行趋势分析、消费者调查和商业信息等。

WGSN以遍布全球的专业的自由分析师、调研员和记者作为补给力量，其团队成员成为品质保证，也是其提升至战略资讯领域中最重要的供给者地位的基础。

1998年发行至今，WGSN的区域性分支机构遍及欧洲、亚洲、南美洲和美洲。

你如何开启调研的进程?

WGSN的调研出发点非常宽广。每一季，来自全球办事处的近100多人将在一起调研与未来“两年”相关的理念。这些理念将会按照三个首要的季节性主题或“宏观趋势”进行提炼。在这一阶段，概念尚属于文化潮流的层面，与艺术和设计、电影和摄影、音乐、建筑、科技和消费者行为相关，也与具有潮流导向性的特定产品模型相关。

你们的设计任务/限制/方向/所为之服务的市场是什么?

因为WGSN的客户基础是面向全球各种市场定位的，所以，我们需要确保的是权衡信息、分析和灵感的内容是处于一种正确的组合方式。我们的日程表都是与时装周、贸易展和产品研发周期密切相关的。

是否会以团队的形式拓展一个创造性的主题？如果是这样的话，谁做什么？以及如何对它进行校对呢?

整个过程都是以团队合作的形式完成的。在宏观趋势的引导过程中，有一个核心的团队，围绕着这个团队，还会有涵盖各种内容领域的、经验丰富的分析师和设计师临时组建的工作组。特定产品团队则是由来自各自领域的专家组成的。既然WGSN提供的是在线服务，所有相关的研究最终都会转化为数字的形式，但是，对于会议和讨论来说，情绪板仍然是做选择时的主要媒介。

调研对于设计进程而言有多重要?

非常重要。对于设计进程而言，调研的重要影响几乎会体现在整个设计周期中。WGSN的受众如此广阔，因此常常需要通过调研信息来明确继续下去的方向是什么。

WGSN在时尚行业当中所起的作用是什么？

WGSN在以一种便捷的方式提供专业信息和分析方面起到了重要的作用。我们团队中的大多数人之前就是为设计品牌或企业工作的，因此，我们了解设计和研发的过程。我们会将提供的内容按照具有一定的关联性和可行性的形式进行塑造。作为一家公司，我们围绕着整个产品周期进行操作，通过购买和搜集店铺内视觉营销和品牌建立来获得最初的设计灵感。

你们如何进行趋势的预测？

这是一个一直向前的分析、经验和直觉的组合，但是它也与曝光有关。如果你花些时间非常仔细地观察水，你就会学会如何在水流中获取参考信息。

对于有兴趣在时尚业和时尚预测方面工作的人们有什么忠告吗？

我们在WGSN的工作需要分析师、摄影师、设计师、民族志学者和记者的技能，而且，我们中的很多人会随时根据需要转换身份。因此，多才多艺在很多时候是很重要的。清晰的思考能力和沟通技巧也是很重要的。当然，企业经验也是很有帮助的。在我们的办公室总会有很多的实习生，我认为尝试仍然是发现一项工作是否适合自己的最好方式。

WGSN计算机辅助设计系统中的原创作品，从WGSN的网页上可以直接下载画作及设计资源。

朱利恩·麦克唐纳（Julien Macdonald）

朱利恩·麦克唐纳在英国布莱顿大学学习时尚针织，并在伦敦皇家艺术学院获得硕士学位。

在1996年6月的毕业设计秀上，朱利恩·麦克唐纳大获成功。此后，他的独特才华吸引了卡尔·拉格菲尔德的关注，他被委任为夏奈尔品牌的首席针织服装设计师，同时也为其标志性的设计师品牌——卡尔·拉格菲尔德做设计，从1996年直到1998年。

在获任夏奈尔和卡尔·拉格菲尔德的职位之后，朱利恩·麦克唐纳便开始了他自己的品牌线路，并开始建立起顶级英国时装设计师的声望。

国际影星包括：碧昂斯（Beyoncé）、凯丽·米洛（Kylie Minogue）、纳奥米·坎贝尔（Naomi Campbell）、谢丽尔·科尔（Cheryl Cole）都穿过他的设计。2001年，朱利恩·麦克唐纳被提名为英国年度设计师，并被委任为法国知名时装屋纪梵希继亚历山大·麦昆之后的创意总监。在纪梵希，他从高级女装到高级成衣，每年要设计6个系列。2004年，朱利恩重回伦敦致力于他自己的品牌，而后他的品牌已经越来越强大。2006年，他因对时尚业的贡献而被授予勋章。

对于一个新的系列设计，你是如何开始调研进程的呢？

因为这是我自己的公司，所以我相当幸运，我可以不受约束地、自由地探索和拓展我的调研和创意。我所考虑的主要事情就是成本。这一点对于买手来说是最重要的，因为不到万不得已的时候，他们不愿意为某些款式支付更多的费用。所有的时装屋都会遵从一个欧洲指南，它设定出顾客愿意为某些单品支付的最高价，比如一条连衣裙。我会坐下来和销售部门讨论上一季何种产品畅销，然后，再与产品部门对话看看我们是否有困难。这真的就是所有的事情，也正是从那时起，就由我来全权决定系列设计想要达到的效果。

你的灵感来源是什么呢？

我热爱旅行，只要我一有时间，就会走访世界上很多重要的博物馆，去参观所有正在举行的特别展览。我相信，能够到售卖我们服装的不同国家走访很重要，这样可以使我在头脑中获得更好的设计思想。我喜欢去纽约的大都会博物馆、巴黎的卢浮宫以及伦敦的维多利亚与艾尔伯特博物馆。我经常到维多利亚与艾尔伯特博物馆，他们专门为我开放一些展品，这样我就可以观赏到格雷夫人（Madame Grès）设计的连衣裙或者其他奇妙的织物。我的工作室位于伦敦的波多贝罗路（Portobello Road），我喜欢在星期五去看看集市中有什么。我喜欢看旧款服装，也会用到维多利亚与艾尔伯特博物馆。如果可能我

▲朱利恩·麦克唐纳在后台和模特在一起。

还会去伦敦郊区的安琪儿剧装档案馆。那是一个奇妙的地方，那里拥有来自于好莱坞电影的成千上万的剧装，并为许多设计师和高级女装屋所用，包括马克·雅克布（Marc Jacobs）和纪梵希。它虽是一个造价高昂的灵感源，然而身在其中，从歌舞女伶的服装到哈利·波特（Harry Potter）的服装，你就可以发现它是多么的庞杂而多样。

我喜欢使用书籍和旧杂志，尤其喜欢看19世纪70年代以后的意大利版和美国版的*Vogue*杂志。我夏季的系列设计，就以梅特塞（Matisse）和他的木版画作为印花图案的灵感来源，再将它们与兰花的摄影图片混合在一起，然后，再由一名印花设计师进行数字化的合成。

你以头脑中想象的人为原型进行系列设计吗？

并不完全是这样的，我认为以特定的“缪斯”为原型进行设计的想法可能会比较危险，因为事实上你将会与部分潜在的全球市场相脱节。一个在迪拜很受欢迎的女演员在美国不一定会享有同样的待遇。而且许多女演员想要那种可以穿着许多不同设计师服装的自由，而不一定会锁定在与一家时装设计屋签订的契约上。然而，我确实想到了像玛丽莲·梦露这样我所喜爱的人，以及那种在好莱坞时代光芒四射的女性。

朱利恩·麦克唐纳（Julien Macdonald）

▲朱利恩·麦克唐纳2011年秋冬系列。
摘自Catwalking.com

你为系列设计设定主题吗？

我喜欢给我所做的设计设定主题，但是我不喜欢主题看上去有太明显的参考痕迹，因为女人想要的是可以穿的衣服而不仅仅是在T台上进行展示。因此，如果我想做一些与埃及艺术相关的设计，而这恰恰也是我所喜爱的，我不愿意通过为其设定主题的方式来牵强地进行造型设计。

如何拼贴出你的调研成果？

我往往会在工作室里制作故事板，而且它们通常可以被分组为若干的故事，这样我就可以从平纹织物中获取灵感来源，然后再为雪纺、连衣裙和定制服装设定一个故事。印花图案总会来自于一定的参照物，这也正是系列设计中最重要的部分，它对所有的设计具有统领作用。

你如何从调研着手开始你的设计进程？

工厂对于他们想要的产品常常会给出非常详尽的说明。例如，三条连衣裙，一条长的、两条短的，一条色丁面料的半身裙，四件衬衫等，这样我就可以从清单上围绕着系列来进一步探索设计理念。我为每一个故事板画出一系列初步的草图，然后，再从这些草图中逐渐找出可以发展的主题和工艺。例如，可以为一个美妙的创意赋予刺绣或一定的工艺细节，它们可以按照不同的方式或色彩在几款服装中进行拓展。我很少在人台上工作，但是当进行试衣时，我会在它上面进一步发展设计理念，而且，有时在人台上工作会让一件服装彻底改观。

◀▲朱利恩・麦克唐纳2011年秋冬系列。
摘自Catwalking.com

time's up

时装插画是一种由（时尚设计师之外的）不同的人演绎出来的艺术形式。

——大卫·丹顿（David Downton）

cropped jacket wo
with draped sle
contrast stripe sleeve
edges with cream knitted tank
top and burgundy wool crepe
pleated culottes

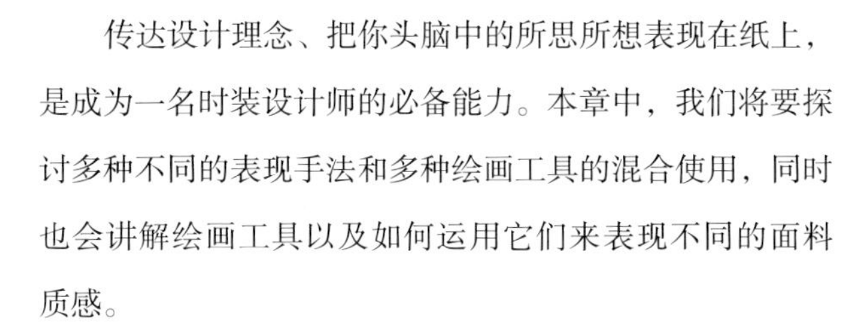

传达设计理念、把你头脑中的所思所想表现在纸上，是成为一名时装设计师的必备能力。本章中，我们将要探讨多种不同的表现手法和多种绘画工具的混合使用，同时也会讲解绘画工具以及如何运用它们来表现不同的面料质感。

设计手稿仅仅是服装效果图的一种形式，本章也会对平面结构图的功能及人体模板的使用进行分析。最后，我们还要探索时装画及其在服装行业中所起的作用。

设计效果图例

传达思想与设计的能力是成为一名时装设计师所必备的。它不仅仅是设计拓展进程的一部分，而且还是一种向别人表明思想的方法。尽管设计效果图是设计进程中的重要环节，你也不必非要成为一名出色的时尚插画家或绘图员，但是效果图的绘制的确对设计有明显的帮助。

设计师应对人体解剖学有充分的了解，如肌肉形状、比例、平衡、姿态和骨骼结构，这些都将对绘画有所帮助，而且最终会使你的设计更具有说服力。一种可以培养这种技能的方法是参加真人模特写生绘画班，你所在的学院或成人教育中心通常会在晚上开办这样的绘画课程。

◐▶ 设计手稿的图例。融合色彩和更多结构细节表现于一体的设计手稿。

"我不是在设计服装，而是在设计梦想。"

——拉尔夫·劳伦（Ralph Lauren）

通过速写把握你的款式

另一个可以发展绘画能力的途径是把运动中的人们画下来，如正在途经一间咖啡厅或在地铁上、街道上行走着的人们。捕捉人们的表情、观察人们的服装如何随着人体运动并反作用于人体运动也是学会记录时尚的重要组成部分。

绘制时装效果图和设计手稿，作为对设计理念进行形象化表达的能力，在专业院校中常常会占去相当多的时间和精力，而且，通过原创和个性的绘画来发展这种能力是设计进程中的基础组成部分。设计手稿必须是十分形象化的（换句话说，就是要近似地描摹人体形态），尽管它可能被风格化和被拉长，并从美学的角度去夸张表现修长的腿部。

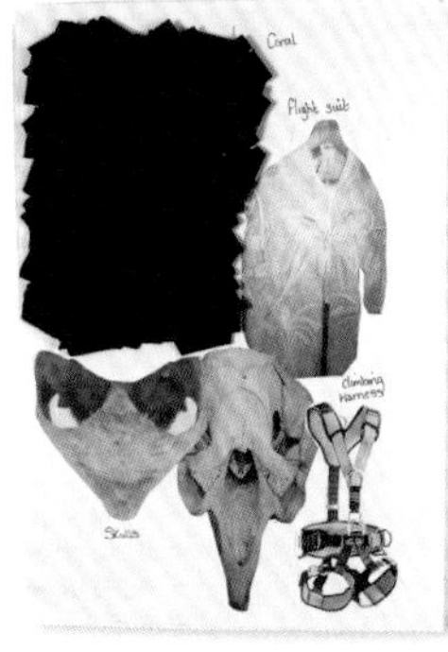

设计手稿要求能够描绘出关键的设计元素，因此非常重要的是不仅要画出服装的廓型，而且还要画出服装的细节、选用的面料、印花的设计理念以及所运用的色彩。它是创意拓展过程中所需要使用的主要工具；在人体图形上反复地练习将可以使你以各种不同的组合方式来揣摩设计元素。

设计手稿本身就应该是快速的，而且这样才能够将设计理念迅速地记录下来。大脑快速地运转，而且因为你所采集的信息会大大激发了设计灵感，这会使你在各种不同的设计方向之间徘徊。速度常常会为你的设计工作提供自发性和能量。把握自己的绘画风格也将会使你的设计作品显现出独特性和可识别性。

在人体绘制和文字标注的过程中掌握一些基本的技巧将会大大提高你演绎设计作品的速度与精准度，一个时尚的人体模板是对这一过程有所帮助的工具之一。

文字标注

文字标注，正如名字中所蕴涵的意思，是指运用不同绘画工具，并以一种具有创造性的和表现主义的方式把文字标注放置于纸上的实践过程。

人体模板是事先画好的人体图形，在它们的上面蒙上拷贝纸就可以将其拓印下来，而后再在拓印下来的人体上绘制出设计图。人体模板可以使你的注意力集中于设计工作而非人体图形。它们有助于你通过快速而重复的方式来开展设计，也许会在相同服装品类的基础上进行多次的设计拓展，直到具有最强烈的视觉冲击力的设计出现为止。

你能够在大多数时装画的书籍中找到人体模板，但是如果可能的话，你最好还是去尝试和拓展出适合自己的人体图形，因为它们会更为独特，并且可以帮助你发展出自己的设计风格和时装人体绘画的表现手法。

这里展示的图例表明了时装人体随着不同步骤的发展不断发生变化，从最初绘制出头部、肩部、腰部和腿部的大致比例关系，到后来的服装造型与细节表现，最后再绘制出服装的色彩和面料肌理。

在这些图例中，你可以看到如何通过比例、均衡、服装的造型、色彩和面料等一系列的步骤来实现一个基础设计模板的绘制。

基于6个人体模板进行设计拓展

作为一名设计师，不断拓展和完善设计理念的自我风格是必不可少的，创作人体模板可以使你快速工作，并能够有效地传达出特定的服装和细节。

人体模板可以从真人绘画中获得，也可以运用拼贴或从杂志影像中用铅笔勾勒出轮廓的方式得到。现在，你可以尝试在A3纸上创作出一字排开的6个人体模板。为什么是6个呢？总体来说，拓展理念的最小系列是6套服装，因此，对于一个有内在联系而且平衡的系列来说，同时审视6套服装是非常重要的。另外，你一定不要只在一个单独的人体模板上拓展理念。

你需要准备自动铅笔、拷贝纸、剪刀、胶水、从时尚杂志或T台照片中获得的照片复印件，也可以通过复印机或带有Photoshop软件的计算机中获得。

首先，寻找一些从头到脚的完整人体，而T台展示类的图片则更好，因为它可以给你正面的视觉效果，也可以找到背视效果。一旦你发现了一张好的图片，运用铅笔和拷贝垫，描摹出人体；尽可能多地获取廓型、面部、手和鞋子的细节，但在这一阶段不需要太多服装的细节。泳装系列作品的图片是很理想的，因为这样可以展示出更多的人体部分，而不会因为有过多的服装而使人体轮廓变形。这也可以通过扫描仪及Photoshop软件中的绘画工具来完成。

将原始的照片人体进行复制，然后，沿着头和部分手臂、腿或鞋子的轮廓剪下形状来。将这些人体贴到绘画作品中（或在Photoshop软件中来做）。运用你自己的方式为其头部和面部做造型，通过多种绘画工具的混合使用，为人体模板增添一种强烈的个性化动态。

现在，你拥有了使用单线白描出来的人体，以及通过图形剪辑拼贴，或风格化绘画的头部、面部、脚、手、鞋、包等。原始照片保留多少将完全由你决定。将这样的人体模板再复制5次，将所有这些人体模板肩并肩地并排摆放在A3纸上。

将这样的6个人体模板复印下来，减少所绘制人体轮廓线的对比度，转变为朦胧模糊的廓型（如果你希望把人体的头发和面部合并为同色，就建议运用Photoshop软件和打印机来完成这个步骤）。现在你就可以直接在人体模板上做设计了，添加服装、细节，并以一种皮肤色调略施淡彩。

因为人体的轮廓是柔和的，你无须在绘制服装时看清这些线条，它们会在比例方面对你有所帮助，使设计作品的拓展保持一个统一的标准。随后，这些人体就会成为你设计拓展手册和手稿图册的基础，将图册装订在一起，就可以构成一个设计目录，该目录按顺序进行编排，可以拓展各种不同服装品类、面料组合、色彩搭配、多种套系的组合。

以拼贴手法完成效果图

我们已经探讨了在调研和初期的设计工作中拼贴技法的运用，但是当你进行时装设计的演绎和表达时，拼贴也可能会成为一个非常重要的工具。它不仅是你对调研结果各要素的组合加工，也涉及多种绘画工具的混合使用，同时各种纸张的不同质感还会让你的设计手稿非常出彩并呈现出原创的风格。

拼贴技法的运用也将会为设计进程带来一定的自由度，而且有时会成为一种更富有表现力的方法。因为所要设计的服装细节会在整幅的照片和图片中遗失，所以，这一阶段的拼贴图最好被置于效果图的旁边，这样也许会留给人更深刻的印象。

▼学生的作品图例演示出在人体上运用拼贴手法也可以获得插图和设计。

pens down,
time's up
cropped jacket in navy wool with draped sleeves and contrast stripe trim on sleeve edges with cream knitted tank top and burgundy wool crepe pleated culottes
pens down,
time's up
oversized knitted cardigan in mustard with printed and embroidered cotton poplin shirt with pleated bodice and checked cotton kilt with stripe edge trim

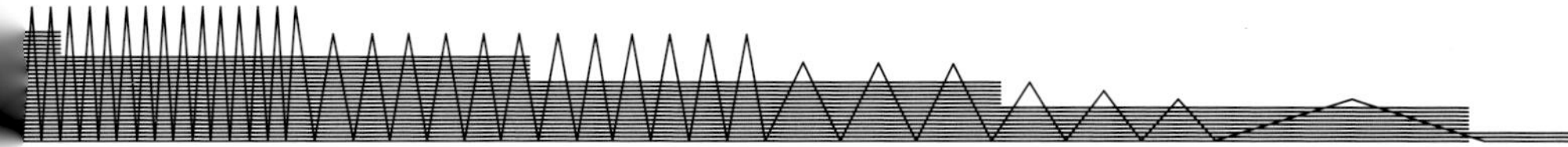

▶▼把调研图片拼贴在人体模板上，可以创造出具有强烈氛围感且引人遐想的时装画。

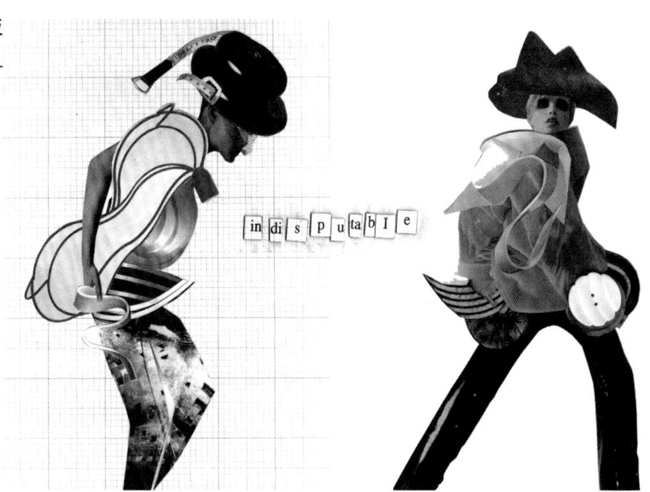

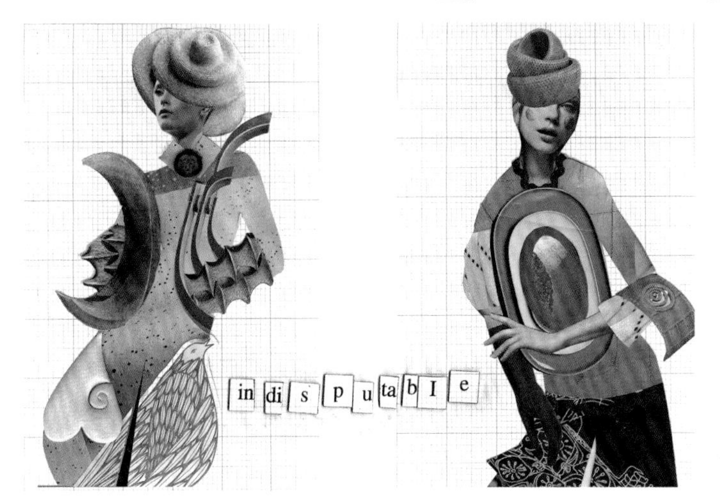

in di s p u ta b l e

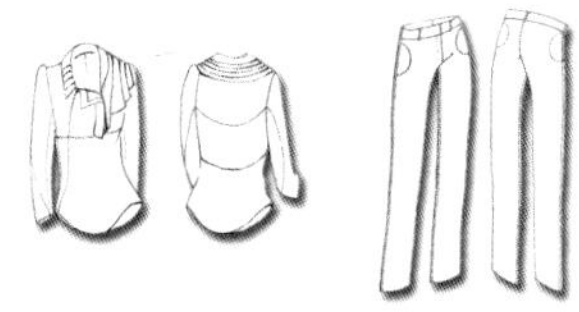

贯穿整个调研和设计的进程，对多种绘画工具的运用是十分重要的，因为你可以通过它来提高自己的动手能力以及绘画手法。你也可以通过它来画出各种各样的图片，并把它们诠释为新的造型、纹样、色彩和肌理。因此，配备基本的绘画工具并了解它们的使用方法就显得十分必要。这里图中所示的是你应该掌握的一些基本工具。

◎混合多种工具的绘画技法绘制的最终设计效果图。

一些基础绘画工具

1.黏性胶棒

胶棒或普里特胶是干胶，对于纸张的粘贴特别有用，因为它不会像液态（PVA）胶水那样透湿纸张。这种胶棒对于你在研究过程和设计试验阶段中制作拼贴图来说是必不可少的。它不会一抹就干，因此必要时，你可以重新调整图片的位置。

2.丙烯颜料

丙烯颜料是一种水基颜料。它在使用过程中，会随着绘制出来的肌理和笔触风干。它能够产生少许的光泽，所以可以用来成功地表现塑胶和皮革服装的质地。

3.水粉颜料

与丙烯颜料不同，水粉颜料风干后会很平整，甚至具有不透明的效果。它画完后会稍显暗淡且呈粉末状，而且可以通过稀释颜料使其获得浅淡色调，或者使用更厚重的颜料以获得深沉的色调。它是一种能够将色彩很好固着的绘画颜料，并可以与其他的工具结合使用，如油性蜡笔和彩色铅笔，以表现不同的肌理效果和面料品质。

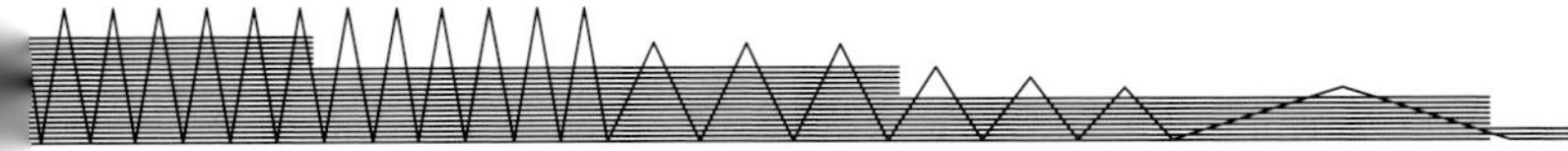

4.水彩颜料

正如其名，这是一种可以和水一起使用的透明颜料。水彩颜料通常被制成管状或固体块状来成套出售。它可以被完美地混合调配，并能够表现出所绘制的纸张的特性，也就是说，如果在彩色纸上绘画就会显现出那张纸的颜色，可以被看作是一种色调使用。正是因其透明的特性，用水彩颜料来表现比较透明轻薄和高档精细的织物再合适不过了。与大量的水调和在一起，可以获得浅淡和微妙的色调。它最适用于在高品质的图画纸或水彩纸上作画。

5.水溶性彩色铅笔

这是一种可以直接在你的画作上使用并进行色彩混合的快捷、简便的工具。如果直接使用，它们可以表现出肌理效果和面料的织纹，当运用笔刷与少量的水一起使用时，它们就被混合在一起并可以获得一种更加透明的、具有流动感的笔触。

6.油画笔

人们总是愿意去投资购买一整套包含各种不同粗细的、使用天然纤维制成的油画笔，如黑貂毛。它们使用时间较长，而且在使用后不会分叉，因为一旦分叉就很难去绘制精确的图案了。扁头和圆头的油画笔都是有用的，因为它们可以产生不同类型的笔触并用来绘制不同的细节。使用过后，一定要彻底清洗笔刷并去除掉残留的颜料或墨水。

7.神奇的麦克笔

这是指优质的毡头笔，它们有众多不同的色相和明度，常常可以用来与你的色彩基调进行精确配色。它们将色彩表现得均匀且平整，并能够构建不同画层和深沉的色调。它们价格昂贵，但是物有所值，因为这是将色彩准确地绘制到设计手稿上的最为快捷、简单的方法。麦克笔也可以与其他的绘画工具（如彩色铅笔）一起使用并常常可以作为面料的底色，最后再用彩色铅笔来添加织物的纹理。

8.描线笔

描线笔有很多不同的粗细，常常用于设计图的表达，尤其是平面结构图，因为它可以表达清晰准确、形象生动和粗细均等的线迹。

9.自动铅笔和笔芯

自动铅笔是一种可重复使用的铅笔，有可以替换和变化的笔芯，这对于绘画来说是必需的。你可以根据要求变换它的浓淡，从硬质4H到软质3B。对于设计手稿的绘制来说，最好使用B至3B的笔芯，而在制板房则可以使用较硬的H至3H的笔芯。除了可以变换笔芯的浓淡，它的好处是你总能画出尖细、精准的线迹，这对设计工作而言是非常重要的。

10.可塑橡皮

与普通的硬质橡皮相比，这是一种更易塑造成型的橡皮。因此，它能够更准确地擦除铅笔的痕迹及污渍。

11.铅笔刀

它可以用来削尖普通铅笔和水溶性彩色铅笔，以此可以在纸上获得干净、尖细的线迹。

12.设计图纸（拷贝纸）

这是一种在绘制设计效果图过程中使用的略微透明的轻质薄纸。它很适于与人体模板一起使用，因为透过图纸可以看见人体模板，这样你就可以在绘制设计作品之前快速、轻松地拓出人体。你可以购买不同类型的拷贝纸，尤其是在使用麦克笔时要用不会渗透到其他纸上的拷贝纸。由于这种纸质地轻薄，所以建议你不要在其上使用任何湿性颜料，因为这样会使它起皱和破裂。

了解时装设计手稿与时装画之间的区别是非常重要的，因为两者所起的作用完全不同。正如本书前面所论述的那样，设计手稿是围绕服装来进行绘制的，它们展现了服装的廓型、细节、面料、印花图案、装饰与色彩，常常被用来描述和展现服装。总体来说，设计手稿是符合人体真实的比例关系的，而且是可以帮助打板师来完成服装制板的有效工具。设计手稿可以快速地绘制完成并表现出更加自然的体态。

时装画本身就被看作是一种艺术表现形式，因为它要求你在绘画手段运用方面更具有创造力，而且，在纸上所表现出来的线条和笔触的特质变得十分重要，并对所要表达的服装产生深远的影响。时装画是为了营造系列设计的情绪氛围而绘制的，它并不需要完整地展现服装。这种表达手段更富有表现力和时尚感，常常用来表现系列设计的灵魂、个性特征乃至思想内涵。时装画会用到多种绘画手段、数字技术以及计算机软件。

◀ 运用绘画、拼贴和Photoshop软件绘制的最后的系列展示效果图。

▼ 演示说明拼贴设计效果图的学生手稿图册。

平面结构图，也常常被人们称为详述图、平面图或工艺图，是指把设计转化成为形象化、注重细节表现的绘画。它们运用图形化的、明确的绘画语言对服装进行说明，清晰地展现出服装的所有结构细节，如接缝、省道、口袋、紧固件和明线。

绘制平面结构图

平面结构图的绘制不显示人体，但是要符合相应的比例关系，而且正如它的名字所暗示的那样，它是以平面的方式进行表达的，不包含色彩、面料质地及形态的因素。平面结构图还会展示服装的正面和背面，包含一些在设计手稿中常常被忽略的部分。

平面结构图有时可以对充满动感和艺术表现力的设计手稿进行补充说明，而且必须按正常的人体比例关系来表现，因为总体来说，打板师正是通过它来进行纸样设计的，而设计手稿有时会导致不够精准的比例关系。

一般来讲，平面结构图既可以使用极细的黑色描线笔，也可以使用自动铅笔来绘制。在相同的设计图中可以使用不同粗细的线条来表明不同的部分。例如，一支0.8毫米的画笔可以用来绘制缝线、省道和细节，而使用0.3毫米的画笔则可以表现明线迹、纽扣和紧固件。

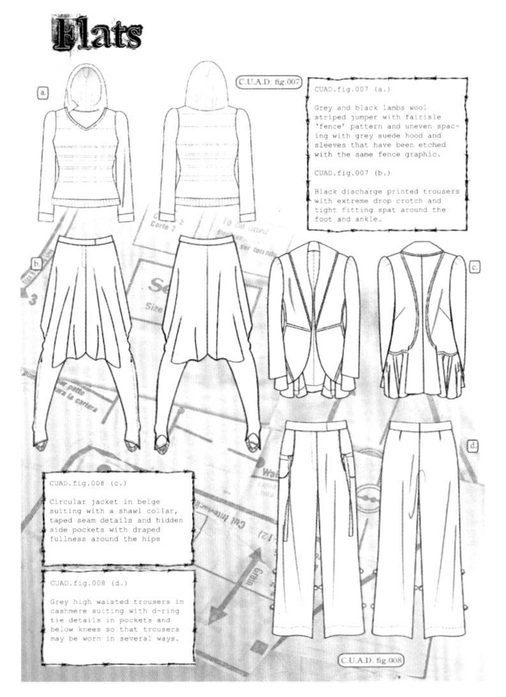

▲ 毕业设计方案中的平面结构图和工艺详述单。你在这里所看到的每一款服装都清楚地表明了服装正面和背面的细节。

设计作品的版式与构图在很大程度上取决于你的设计表现形式。你所做的大部分设计都会收录在设计手稿的图册中，或收录在零散的、随后被装订成册的拷贝纸上。版式设计通常要求你围绕一系列成组的人体展开，少则3套多则6套，在纸上排成一行，而且通常绘制于规格为A3（420mm×297mm）的纸上。

这就要求你需要同时在几个人体图形上进行设计理念的拓展，并立刻看到它们之间的所有关联、设计中所表达的主题或相似性。因为设计变得越来越重要，所以版式设计就变得十分单纯而统一，仅仅需要将人体图形排成一行并将设计应用上去就可以了。

设计过程的最终部分

随着设计具备了更多的可选性和修饰性后，其构图也变得更加复杂和富有创意。因为设计已经被修改过了，所以你就可以把更多的时间花在绘制人体及其所展示服装的演绎上。在这个过程中没有必须遵循的原则，你是选择按照肖像画的构图还是风景画的构图来工作将完全由你自己决定。

最终系列的线性排列和成组排列可以表现为各种不同的方式，而且它们常常会受到贯穿于整个调研和设计过程的设计主题的影响。运用不同的布局、姿态以及不同时期的绘画风格，如19世纪20年代的波烈时装插画，都会对最终的版式和设计作品的外观风貌产生影响。

时装杂志和摄影图片的运用常常有助于你安排设计稿中人物的位置与组合，而这一点是你在最后展示设计时要考虑的。一个人坐着、紧挨着的一个站着、一个离得远一点、一个离得近一点，这些完全取决于设计者个人的偏好。

对于已经筛选出来的设计图进行构图与版式的设计是设计进程的最后阶段，对设计图着色并考虑其版式是作品展示的重要环节。现在，贯穿调研与设计的进程所发展而来的创造力将会融入最后的设计和你所选择的表达方式中。这其中没有强制性的规定，但是要记住，它终归应该是围绕服装来进行表达的。

◐运用传统的绘画技法与Photoshop软件相结合绘制而成的最终设计效果图。

到目前为止，你在本书中所学到的都是关于调研的重要性，在哪里和如何整理它，以及对于设计过程指导的目的。

接下来会发生什么?

因为任何产品都是以二维的方式被设计出来的，因此以三维立体的方式实现出来就变得非常必要，这样可以确保在使用真实面料或材料加工制成前，进行深入拓展和修改。这种第一次做成的服装被称之为样衣。你需要平面纸样裁剪和服装结构的基础知识，如此一来就可以明白如何按照设计效果图来将造型和廓型转化至人体上。这需要设计师花上几年的时间来完善技巧、提升能力，从而将他们的效果图转化为现实，因此，如果第一次做得不好，一定不要灰心丧气。

你也许已经在裙装人台上探索了一些三维立体理念或为设计采集信息，而这些实验也许会成为纸样拓展的良好出发点。在人台上做造型是了解人体的绝佳方式，也可以理解到平面的织物是如何被转化为适体的服装的。运用实验可以帮助你明确那些能够被进一步完善的初期纸样，再在人体上试穿，直到它开始与你创作的设计效果图有所联系。

在设计过程中，平面结构图也是对你所绘制效果图的更好、更精准的诠释。总体而言，设计师将会以这些平面结构图为依据，通过制作坯布样衣来得到更精准的纸样。

从设计效果图或平面结构图创作出你的第一件坯布样衣，将会展示出服装的造型和细节优势。根据需要可以对这些进行调整和修正，可以在坯布样衣上画线、删减和添加。这些修改随后将会在平面纸样上进行修正，如果有必要的话，还需要用坯布重新制作样衣。对于一个时装设计师而言，将平面结构图转化为三维立体服装的能力是其成功的基础。没有对加工产品的工艺和技术的了解，就不会真正明白如何有效地进行设计。

将你的设计超越绘画板是所有时装设计师都应当具备的基础和工作能力。学会裁剪和结构，以及运用工业设备，如缝纫机、锁边机和熨烫机，这些技能将会使你充满信心地投入企业工作。

"时尚就意味着改变和挑战以前已经存在的事物，它代表着引领而不是盲从；你应该会感到从未有达不到的目标，或者希望能够将你的设计创意推向世界。"

许多好的课程班和自学书籍可以引导你穿越设计过程中的这一部分，很多全日制学院和大学时装设计课程将会教授你所需的部分技能。

时尚需要你能具备设计过程涉及的方方面面的技巧和能力。对这些信息进行加工处理，其目的在于创造性地绘制效果图，随后设计理念就会自然而然地产生；对于可能面对的局限性和问题应该做好充分准备，而不是回避。一旦你掌握了设计过程中的这些战略性的要点，接下来就不得不考虑把自己看作是一名工艺师和裁缝师，与设备和面料打交道，直到成功地实现了你的设计。设计师需要花费几年的时间来获得所有这些技能，来进一步趋于完善和精美，直至他们达到成功的顶点，并在其作品中体现出个性。

最后几句话

这本书已经开启了你的发现之旅，充满趣味和热情。现在你具有了追逐梦想的洞察力、技能和知识。你需要花费时间来完善能力，并找到准确的设计定位，探寻在设计方面你能做什么？

所有伟大的设计师都将其强烈的个性标签融入其作品中，这只能通过实验和探索才能发现。不要限制自己去感知那些从未见过和做过的事情。一名好的设计师将会强迫自己去接受挑战，并总在寻找下一个新的方向，不断寻找能够刺激他们发现更具影响力的灵感素材。

时尚就意味着改变和挑战以前已经存在的事物，它意味着引领而不是盲从。你应该会感到从来没有达不到的目标，或希望能将你的设计创意推向世界。一位好的设计师会不断挑战自己，会一直在寻找新的方向，并寻找更为深入的影响因素、工艺和灵感素材，进而激发并驱使他们的工作。永远记住：实践和试验，一切皆有可能！

好好享受你在时尚行业中的未来职业生涯吧，祝你好运！

大卫·丹顿（David Downton）

大卫·丹顿1981年毕业于英国伍尔弗汉普顿理工学院（Wolverhampton Polytechnic）的插画及平面图形设计专业。1984年，他移居布莱顿（Brighton），并在那里开始了他的插画生涯。在随后的12年间，他开展了非常广泛的项目合作，从广告、包装到插画小说、烹饪书籍，偶尔还有时装。1996年，他受委托为高级女装秀画插画，从此以后他便成为知名的时装插画家。发布会后对他的报道会传播到世界各地，如美国、中国、澳大利亚等。

大卫的客户名单包括：蒂芙尼（Tiffany & Co.）、布鲁明戴尔（Bloomingdales，美国著名连锁百货商店）、巴尼斯（Barneys）、哈罗斯（英国最大的奢侈品百货商场）、《时尚杂志》（*Vogue*）、《芭莎杂志》（*Harper's Bazaar*）、*V*杂志和维多利亚及阿尔伯特博物馆。1998年，他开始为世界上最美的女人们画人物肖像，包括帕洛玛·毕加索（Paloma Picasso）、凯瑟琳·德纳芙（Catherine Deneuve）、琳达·伊万格丽斯塔（Linda Evangelista）、卡门·戴尔·奥利菲斯（Carmen Dell 'Orefice）、伊曼（Iman）、蒂塔·万提斯（Dita Von Teese）。2007年，大卫发行了《为什么不》（*Pourquoi Pas*），是第一本时尚插画的杂志。他是伦敦时装学院的客座教授，而且是圣弗朗西斯科旧金山艺术大学的荣誉博士。

什么是时装插画?

时装插画是通过一个艺术家的创造力来对设计师的作品进行过滤的结果。它要求你完全尊重设计师的作品，并且应该表达出你和设计师两者最好的一面。尤其是绘制高级女装时，我会特别注意每件单品的表现力度，并约见所涉及的许多人。而且，我的确感受到对原作进行客观表现是一种真正的责任。有时，我会因为运用极少的线条来表达如此错综复杂的事物而感到十分愧疚。经典的时装插画，先要观看T台展示并通过绘画来提炼出展示的精髓，但是，现在像这样的时装插画已经为数不多了。

在过去的十年里，时装插画已经发生了变化，超越了欣赏价值，没有法则，没有约束，也没有明确的工作方式。发展至今，时装插画也没有流行的风格，而且手绘和数字化图像技术可以具有同等的效力。其适用的市场已经拓展到俱乐部传单、CD封面、画廊展览以及报纸和杂志中更为传统的宣传方式。作为总结，我要说，再没有比成为一名时装插画家更美好也更令人困惑的事了。

◐◑大卫·丹顿的时装插画示例，这些插图演示体现了更具有传统绘画的特质及笔刷的技法。

凯伦・弗兰克林（Caryn Franklin）

凯伦・弗兰克林是一位英国的时尚作家、主播及总监。她是以时尚编辑及20世纪80年代期间*I-D*杂志的合作主编身份开始职业生涯的，至今她已经成为拥有超过29年经验的时尚评论人。凯伦还在1986~1998年的12年间，联合主办了非常有趣的BBC电视台的《服装秀》节目。

凯伦还是英国多所院校的校外评审员及讲师，其中包括：圣马丁皇家艺术学院、伦敦时装学院。

作为一位时尚活动家，凯伦・弗兰克林还联合主持了15年的《时尚瞄准乳腺癌》节目。凯伦在伦敦时装学院建议建立可持续发展中心，是该项目的大使。她还合作创建了备受赞誉的《T台之外的步伐》[与黛布拉・伯恩（Debra Bourne）和伊莲・欧・蔻娜（Erin O' Connor）一起]，这是一档开启先河的首度推广多元美学理想的节目。

从你的观点来看，是什么成就了一位伟大的设计师？

一位伟大的设计师是一位对产品的使用有共鸣的人。设计是必须具有一定的目的性的，当然，设计师为T台创作出典范，或从一个前卫的时尚大片的视角进行特写，但是样板或典型只不过是设计的一面而已。对于服装什么时候被复制，以及它将如何在普通人身上发挥作用，思考服装生命周期的设计师不仅要提出更能盈利的商业提案，而且还要提供关于时尚和服装设计的讲解服务。总而言之，服装是针对穿着者的服务。

一个好的设计是视觉创意与精湛工艺的结合。当它有了灵魂，当它令穿着者愉悦、大胆、自信，当它考虑穿着者的情感需要，那么它就会为很好地满足这个目的而服务，并且会成为一件适合这种目的的设计作品。

“一个好的设计是视觉创意与精湛工艺的结合。”

▲凯伦·弗兰克林与英国时装设计师杰夫·班克斯（Jeff Banks）在2011年伦敦毕业生时装周上为学生颁奖。
摘自Catwalking.com

创造性的调研对于一位设计师而言有多重要？为什么？

调研是指可以产生出一种新收获和新观点的过程。当调研与日常工作融为一体时，将会在向前推进的过程中不断迸发火花。

一个系列的市场营销与推广对于其成功而言有多重要？对于一位新晋设计师来说，需要考虑哪些因素？

市场营销是一切。告诉人们你在做什么是将买手或消费者引上门来的唯一途径，但是这是一个独立自主的技能。对于一个年轻的设计师而言，只有有限的资金预算，其目标就是与可以在这方面独当一面的人看齐。也许他们才刚刚起步，把他们所学到的本领展示出来，让设计师自由、轻松地穿越设计过程。

对于希望成为时装设计师，或者在时尚行业内工作的人有什么建议吗？

把时装设计看作是一项盈利的事情，而不是一个美好的爱好。作为学生或学徒所要做的一切就是必须明白如何利用你所学到的知识维持生计。将这一点记在头脑中，你就可以以各种不同的方式去学习。

Color Portfolio
Color Portfolio is a full service colour, trend and communications marketing company. You can buy their colour presentation cards online. They also offer an offline service if you are looking for personalized design and concept development.
www.colorportfolio.com

Cotton Incorporated
Interested in textiles? In cotton? Check out this website for great information. Cotton Incorporated is a research and promotion company aiming to increase the demand for and profitability of cotton by providing value-added programmes and services both in the US and internationally for producers, mills, manufacturers and retailers.
www.cottoninc.com

Ellen Sideri Partnership Inc
Consulting company providing trend analysis, colour forecasting, brand design, retail store design and web consulting.
www.esptrendlab.com

Fashion Information
This subscription-based website is a terrific source for a view of international apparel trends. Reports for subscribers include updated catwalk trends and detailed illustrations, pictures and colour charts.
www.fashioninformation.com

Fashioning an Ethical Industry
Fashioning an Ethical Industry is a Labour Behind the Label project that works with students and tutors on fashion-related courses to give a global overview of the garment industry, raise awareness of current company practices and of initiatives to improve conditions, and to inspire students – as the next generation of industry players – to raise standards for workers in the fashion industry of the future.
http://fashioningan ethicalindustry.org/home/

Fashion Net
This site gives you fashion news, designer bios and runway shows and also has useful links such as fashion sites, online magazines and designer sites... You can buy and sell stuff on this website.
www.fashion.net

Fashion Toolbox
New York based company that develops, publishes and markets design and production software packages for the apparel, textile, accessories and surface design industries. They offer high-end design solutions.
www.fashiontoolbox.com

Fashion Windows
Great site! Extensive listings covering fashion trends, runway shows, fashion reviews, designers and models. Find the latest news and visuals from the fashion world as well as great information about visual merchandizing. Most info available to subscribers only! Easy to use.
www.fashionwindows.com

FutureFrock
Launched in 2009, FutureFrock is a forward-thinking online magazine focusing on one of the industry's most exciting areas, ethical style and beauty. Brought to you by a collective of fashionistas who are passionate about ethics and the environment, FutureFrock doesn't desire to preach or proselytize. Instead, they aim to let the products speak for themselves – and these are gorgeous, cutting-edge and all the more exciting because of their ethical credentials.
http://futurefrock.com

Global-Color
Global-Color is a forecasting company providing solutions to colour selection in the fashion and interiors industries. Great information and inspiration for colour. Easy-to-use format with nice graphics. Their products are available to order online.
www.global-color.com

Le Book
A good sourcebook for trends and inspiration for fashion designers, cosmetic companies, advertising agencies, art directors, magazines, photographers, fashion stylists, make-up artists and hair stylists. It is for sale on the website. There is also a great list of contact names.
www.lebook.com

Moda Italia
Modaitalia.net's fashion search engine helps you to find what you need from the fields of fashion, textiles, beauty and lifestyle.
www.modaitalia.net

modeinfo
This site sells the international trend publications and trade press for the fields of fashion, textiles, interiors and lifestyle as well as books about fashion, and forecasting catalogues and magazines. Also has lists of Pantone products, seminars and international fairs.
www.modeinfo.com

Nelly Rodi
A trend-consulting company focused on colours, fabrics, prints, knits, lingerie, beauty and fashion. Find a list of their trend books on the website. In addition to their trends research, they offer communication services in publishing and organizing events.
www.nellyrodi.com

Pantone Inc.
Nice presentation and easy navigation. Pantone provides colour systems and technology across a variety of industries. They have products such as 'colour matching system', a book of standardized colour in fan format. This is a reference for selecting, specifying, matching and controlling colours in colour-critical industries, including textiles, digital technology and plastics. You can buy everything online.
www.pantone.com

Peclers Paris
The biggest fashion consulting company in Paris offers style and product, promotion and communication consulting. Peclers trend books are very well known but you can't buy them online yet.
www.peclersparis.com

Promostyl
Promostyl is an international design agency researching trends. Find their books and products for sale on their site. They have offices in Paris, London, New York and Tokyo.
www.promostyl.com

Sacha Pacha
A Parisian styling bureau in service of the fashion industry. They offer exclusive collection design and personalized trend consultancy. Find the Sacha Pacha trend books for menswear, womenswear and juniors here.
www.sachapacha.com

Style.com
Too good to be free! This online website features complete fashion shows coverage (the videos and photos are online right after the shows), the lowdown on celebrity style, trend reports, expert advice and breaking fashion news.
www.style.com

Styloko
Styloko is a UK network of sites fanatical about style, fashion and shopping. A team of fashion-obsessed editors find and follow all the global trends, the best styles, deals and products and deliver them in digestible portions. The main aim of this site is to bring global fashion and local UK shopping together.
www.styloko.com/buzz/category/trends/

The Color Association
Beautiful colours with cool graphics. CAUS is the oldest colour forecasting service in the US. Since 1915, they have provided colour forecasting information to various industries including those of apparel, accessories, textiles and home furnishings. In addition, assorted industry professionals comment on where they find inspiration and how it influences the direction of colour. You've got to become a member to get information.
www.colorassociation.com

Visual Merchandising and Store Design
A subscription page and industry magazine for visual merchandizers, store planners, architects, designers and interior designers. The information includes latest techniques, technology and trends and design and trade-show coverage updates.
www.vmsd.com

在线资源

参考书目

Baal–Teshuva J (2001)
Christo and Jeanne-Claude
Germany: Taschen

Beckwith C and Fisher A (2002)
African Ceremonies
New York: Harry N Abrams, Inc

Black S, ed. (2006)
Fashioning Fabrics:
Contemporary Textiles in Fashion
London: Black Dog Publishing

Bloom: A Horti-Cultural View
(February 2003) Issue 9
France: United Publishers SA

Blossfeldt K (1985)
Art Forms in the Plant World
New York: Dover Publications Inc

Borelli L (2004)
Fashion Illustration Next
London: Thames & Hudson

Brogden J (1971)
Fashion Design
London: Studio Vista

Callaway N, ed. (1988)
Issey Miyake:
Photographs by Irving Penn
Japan: Miyake Design Studio
New York: Callaway Editions Inc

Charles–Roux E (2005)
The World of Coco Chanel:
Friends Fashion Fame
London: Thames & Hudson

Cole D (2003)
1000 Patterns
London: A & C Black Publishers Ltd

Cosgrave B (2005)
Sample: 100 Fashion Designers,
10 Curators
London: Phaidon Press Ltd

Currie N (1994)
Pierre et Gilles
France: Benedikt Taschen

Dawber M (2005)
New Fashion Illustration
London: Batsford Ltd

Diane T and Cassidy T (2005)
Colour Forecasting
Oxford: Blackwell Publishing

Edmaier B (2008)
Earthsong
London: Phaidon Press Ltd

Fukai A (2002)
Fashion:
The Collection of the Kyoto Costume Institute:
A History from the 18th to the 20th Century
Germany: Taschen

Gallienne A and McConnico H (2005)
Colourful World
London: Thames & Hudson

Golbin P and Baron F (2006)
Balenciaga Paris
London: Thames & Hudson

Gooding M (1995)
Patrick Heron (PB Ed.)
London: Phaidon Press Inc

Gorman P (2006)
The Look: Adventures in Rock and Pop Fashion
London: Adelita

Hamann H (2001)
Vertical View
UK: teNeues Publishing Ltd

Hejduk, J and Cook, P (2000)
House of the Book
London: Black Dog Publishing

Hillier J (1992)
Japanese Colour Prints (1st Ed. 1966)
London: Phaidon Press Ltd

Hodge B, Mears P and Sidlauskas S (2006)
Skin + Bones: Parallel Practices in Fashion
and Architecture
London: Thames & Hudson

Holborn M (1995)
Issey Miyake
Germany: Taschen

Itten J (1974)
The Art of Color (1st Ed. 1966)
New York: John Wiley & Sons, Inc

Jenkyn Jones S (2002)
Fashion Design
London: Laurence King Publishing

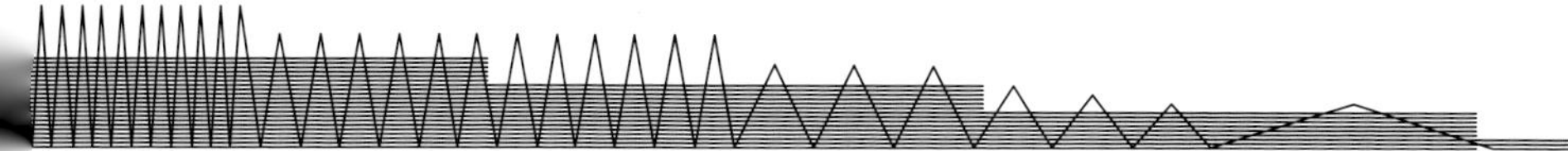

Jiricna E (2001)
Staircases
London: Lawrence King

Joseph–Armstrong H (2000)
Draping for Apparel Design
New York: Fairchild Publications, Inc

Klanten R et al, eds. (2006)
Romantik
Berlin: Die Gestalten Verlag

Klanten R et al, eds. (2004)
Wonderland (2nd Ed.)
Berlin: Die Gestalten Verlag

Knight N and Knapp S (2001)
Flora
New York: Harry N Abrams, Inc

Koda H (2001)
Extreme Beauty: The Body Transformed
New York: The Metropolitan Museum of Art

Koda H (2003)
Goddess: The Classical Mode
New York: Metropolitan Museum of Art

Lauer D (1979)
Design Basics
Holt, Rinehart and Winston

Lawson B (1990)
How Designers Think: The Design Process Demystified (2nd Ed.)
Cambridge: The University Press

Levi–Strauss C, Fukai A and Bloemink B (2005)
Fashion in Colors: Viktor & Rolf & Kci
New York: Editions Assouline

Malin D (2002)
Heaven and Earth: Unseen by the Naked Eye
London: Phaidon Press Ltd

Martin R and Koda H (1995)
Haute Couture
New York: The Metropolitan Museum of Art

McDowell C (2001)
Galliano
London: Weidenfeld & Nicolson

McKelvey K (1996)
Fashion Source Book
Oxford: Blackwell Publishing Ltd

McKelvey K and Munslow J (2003)
Fashion Design: Process, Innovation and Practice
London: Blackwell Publishing Ltd

Nash S and Merkert J (1985)
Naum Gabo: Sixty Years of Constructivism
Prestel–Verlag

Newman C (2001)
National Geographic: Fashion
Washington: National Geographic Society

Parent M, ed. (2000)
Stella
New York: Ipso Facto Publishers

Powell P and Peel L (1988)
'50s & '60s Style
London: The Apple Press Ltd

Sorger R and Udale J (2006)
The Fundamentals of Fashion Design
Switzerland: AVA Publishing SA

Stipelman S (2005)
Illustrating Fashion: Concept to Creation (2nd Ed.)
New York: Fairchild Publications, Inc.

Tatham C and Seaman J (2003)
Fashion Design Drawing Course
London: Thames & Hudson

United Colors of Benetton (Spring/Summer 1999)
Kokeshi Dolls

Viktor & Rolf, Premiere Decinnie (2003)
Artimo

Wilcox C (2004)
Vivienne Westwood
London: V&A Publications

Wilcox C, ed. (2001)
Radical Fashion
London: V&A Publications

Wilcox C and Mendes V (1998)
Modern Fashion in Detail (1st Ed. 1991)
New York: The Overlook Press

On the writing and production of this second edition I would like to thank all the talented designers, fashion writers, academics, photographers and students who have contributed such amazing work. In particular, I would like to thank Omar Kashoura, Alice Palmer, Julien Macdonald, Richard Sorger, Wendy Dagworthy, Jenny Packham, Dr.Noki, David Downton, the team at WGSN and Caryn Franklin.
To Daniel and Alex at the Royal College of Art, also to Victoria Hicks at Southampton Solent University and the students of Northbrook College Sussex Fashion design degree, past and present, who have supplied much of the new sketchbook content, thank you and good luck with your future careers. Thanks also to Tacita Meredith for her beautiful illustrations on the front cover as well as for her creative sketchbooks.
To Claire Pepper, you continue to be an amazing photographer and I thank you for the images we have retained in this second edition. Also to Nick Sinton for helping to photograph all the many sketchbooks late into the night. And finally to the talents of Chris Moore and Paul Hartnett and to Chi at PYMCA who have supplied amazing street, archive and catwalking photography that have enriched this title throughout.
A big thank you goes to my editor Colette Meacher, especially for those days spent in the office reading through all the endless changes over coffee and chocolates!
To all those at AVA Publishing for helping to make the first edition such a huge success and for allowing me to re-develop the second edition entirely again. Thank you to John McGill for the creative layout and design that has been brought to the second edition and given the book a fantastic new look and feel.
To my Mother and Father for the education they provided me with and the love and support they have always offered. And finally to my dearest partner Gary who has always supported and encouraged me throughout this writing process, I love you. xx

Picture credits

p013 Louisa Payne; p015 Lotta Lindblad; p047 Emma-Jane Lord; p048 Victoria Hicks, Richard Sorger, Rebekah Train; p049 Linda Ramsted, Tacita Meredith; p50 Roxanne Goldstein; p051 Danielle Collier, Joe Goode; p60 Roxanne Goldstein; p067 Tacita Meredith; p082 Rebekah Train and Leigh Gibson; p083 Victoria Hicks; p086 Emma-Jane Lord; p087 Danielle Brindley, Roxanne Goldstein; p090 Danielle Collier; p091 Emma-Jane Lord, Roxanne Goldstein; p092 Danielle Collier; p094 Victoria Hicks; p96 Lara Dumbleton; p097 Joe Goode; p098 Victoria Hicks; p099 Emma Jane Lord, Roxanne Goldstein; p100 Danielle Collier, Gemma Ashe; p101 Joe Goode, Roxanne Goldstein; pp102 - 3 Victoria Hicks; p112 Rhea Fields; p113 Emma Jane Lord; pp114 - 5 Sarka Chaloupkova, Rebekah Train; pp116 - 117 Rhea Fields, Danielle Brindley; p127 Rhea Fields; p128 Roxanne Goldstein; p130 Joe Goode; p142 Danielle Collier; p143 Lara Dumbleton; p144 Roxanne Goldstein, Danielle Collier; p145 Roxanne Goldstein; p154 Steven Dell; p155 Danielle Collier; p158 Louisa Payne; p159 Lotta Lindblad; p160 Joe Goode; p162 Louisa Payne, Gemma Ashe; p163 Rhea Fields; p165 Joe Goode.

All reasonable attempts have been made to trace, clear and credit the copyright holders of the images reproduced in this book. However, if any credits have been inadvertently omitted, the publisher will endeavour to incorporate amendments in future editions.